蘭的10個誘惑

The Greatest Design of ORCHID

透視蘭花的性吸引力與演化奧祕

植物之美，不只在寂靜而已

植物，或許是因為欠缺行動的能力，在大部分人眼中不過是樹、雜草，或至多是花季時令人讚歎的繽紛色彩。但植物真的是如此無趣嗎？當你深入了解植物世界之後，就會發現那是極為誤謬的觀念。

正因為植物欠缺行動的能力，它必須利用各種更複雜、更巧妙的構造及手段才能彌補這方面的不足，特別是在授粉時，需仰賴各種媒介的幫助，因而和傳粉者之間形成了極為巧妙而有趣的交互作用。

蘭花是植物界中種類最多的類群，和傳粉者共同演化出極為多樣的花部形態。本書選取蘭花授粉生態中十個有趣的主題，以生動的筆法，佐以精緻的科學性插圖，再加上極具藝術性的水彩插畫，深入淺出的介紹蘭花如何利用美色、氣味、詐術、陷阱以及各種巧妙的機關來吸引、欺騙或強迫昆蟲幫它傳粉。各種匪夷所思的構造及方式，令人拍案叫絕。

寂靜的植物所展現的氣象萬千，竟是如此奇妙，一花一世界！

臺灣師範大學生命科學系教授　王震哲

推　薦　序

一本極具藝術感的科普佳作

植物與授粉媒介的交互作用長久以來都是一個十分吸引人的主題。從西元一八六二年達爾文出版了他的第一本關於蘭花與昆蟲授粉的書籍開始，科學家便陸陸續續藉由他們在野外的觀察與實驗，逐一拼湊出植物授粉的奧祕，尤其是在蘭科植物這一個類群中，更是演化出多樣且高度特化的機制。

本書的三位作者莊貴竣、鄭杏倩、呂長澤均是師大生命科學系前後期同學，專研植物的授粉生物學或生物岐異度。雖然已離開學校，但是對於植物的熱情依舊存在。他們三人共同合作，結合了個別的專長及對生命現象的深刻了解，以生動的筆觸編寫了一本極具藝術感的科普書籍。

有別於艱深的學術文章，本書透過饒富戲劇化的故事情節，帶領我們從昆蟲或蘭花的視角來看待每一個授粉過程，而且利用精細的電腦繪圖技術，剖析每一個關鍵的動作及步驟。最引人入勝的，便是那一幅幅手繪的水彩插畫，從每個蘭花的生育環境、植株外型，到近緣物種的整理與對應，都讓人十分讚歎。這不僅是科學性的報導，更有著藝術性的展現，深入淺出的介紹了蘭花最具代表性的十種授粉模式，是值得推薦的一本好書。

臺灣大學植物科學研究所教授　林讚標

名 家 推 薦

我跟蘭花的接觸，始自小時候去對面鄰居家看他種的許許多多、各種各樣、奇怪獨特的蘭花。後來我經常去看他的蘭花，那是因為我要找花瓣顏色獨一無二的，好餵我的毛毛蟲吃，好收集不同顏色的毛蟲便便，豐富我的收藏。長大以後，我才知道自己有多麼暴殄天物。因為那個蘭花叔叔，是首位在台灣研究蘭花組織培養的王博仁博士。

　　長年以來，一直都以為我是為了毛毛蟲才這樣一再的回去看他的蘭花。不過在看完這本書之後，我才恍然大悟，我其實是被蘭花蠱惑、受到蘭花的深深誘惑。書中寫了十個精采的蘭花故事，但是那其實還低估了蘭花的本事，它們的實力絕對不只如此。你看了就知道。

青蛙巫婆・科普作家　張東君

幾年前，我曾擔任過幾本蘭花書籍的美術編輯，也讓我對蘭花產生極大興趣；設計書籍時常想，如果作者描述關於蘭花的授粉以及與其他生物間的關係能有照片輔助說明，那會更加詳盡易懂。但與作者討論之後，才發現有相當的難度。的確，同為生態攝影師的我也意識到，要在野外拍攝這些特殊的畫面，不只靠經年累月的長時間守候，還要有相當的運氣才能達成。

如今，這本《蘭的10個誘惑》運用了插畫搭配文字的方式，將蘭花的生命故事一一呈現在讀者面前，是一本兼具藝術性與閱讀樂趣的科普作品。透過本書，讓我們可以一窺奧妙而神祕的蘭花世界。

生態藝術家‧環境教育工作者　黃一峯

人的真愛或許容不下第三者，但蘭花在找尋真愛時卻常常需要第三者介入；為了要沒有早一步也沒有晚一步、剛巧趕上遇見對的伊，蘭花煞費苦心誘惑的不是情人，反而是第三者——扛起傳粉重任的昆蟲。為了傳宗接代，它們也會精心裝扮、花言巧語、備齊厚禮、用盡心計，授粉的過程就像是精巧設計過的機關。這些讓人忍不住驚呼、帶著清雅幽香的情事，是專屬於蘭花的愛情故事。

泛科學PanSci主編　雷雅淇

緣起，無限感恩

眾所皆知的演化學之父達爾文（Charles Robert Darwin），曾經在寫給虎克（Joseph Dalton Hooker）的信中說到一句話：「在我一生的研究中，沒有任何材料能比蘭花來得有趣。」究竟蘭花具有什麼樣的魅力，能夠讓演化學之父對它如此著迷？

綜觀所有開花植物，蘭花是其中最大、多樣性最高的一科，有將近七百四十屬和超過二十八萬種，到現在為止，每年都還不斷有新的種類被發現，更別提那超過十萬種以上的園藝栽培種及變種。在不同地區，蘭花為了吸引不同授粉昆蟲前來傳播花粉，長期共同演化的結果，造成了高度歧異的花部變化，以及令人歎為觀止的授粉機制。除了利用蜜腺或其他食物資源回饋來吸引授粉者的方式之外，更有像是性欺騙、陷阱、機關、生育地模擬……等各種匪夷所思的方式，每次的發現總是讓演化學家驚

歎於這些精巧的機制。

隨著越來越多授粉學家投入研究，這些精采的授粉故事就像一片片拼圖般，逐漸拼湊出蘭花與昆蟲共同演化的歷史。然而，這些授粉的研究幾乎都只呈現在一篇篇艱深的外語論文中，或是某些探討授粉生物學的專業書籍裡，大多數讀者根本無法領略蘭花授粉的精彩與細膩。在臺灣，甚至難以找到任何一本述說授粉故事的科普書籍，也因此更加深了本書的催生。

於是在二〇一四年的某個夜晚，一通電話突然響起，電話的那頭傳來了一句話：「我們來寫一本書好嗎？寫一本蘭花授粉的書籍。」就是這句話，將我們三個串連起來，決定共同完成這件事。

在這三年的努力中，從達爾文成功預測大彗星風蘭傳粉者的傳奇故事，到世界各地經典的蘭花授粉案例，我們逐一將眾多研究論文及觀察資料轉化為

簡易好讀的文字，以便讓更多人能一窺授粉生物學的祕密，再加上精細的電腦繪製插圖，清楚傳遞出每個傳粉步驟的細節；更重要的是，為了讓更多人領略到蘭花的美麗與藝術性，本書更有別於一般科普書籍以照片為元素來傳達與講述，反而採用水彩手繪圖創造情境與美感。這也呼應了在達爾文那個年代，總是利用石版畫做為蘭花觀察記錄的時代背景。

我們希望能夠透過這本藝術性及科學性兼具的作品，讓大眾讀者更能了解蘭花授粉機制的精巧，以及其背後所述說的演化故事，更希望讓每位讀者體會到自然之美。

臺灣身為蘭花王國，在僅有三萬五千九百八十平方公里的蕞爾小島上，卻擁有高達一百零一屬、超過四百種以上的蘭花。不管是我們身邊的草地，或是郊山的樹林中，可能就隱含著這些精采的故事。期待本書得以激起更多人的共鳴及對自然的關注。

本書之所以能夠問世，要感謝遠流出版公司，讓這本書的出版成為可能；同時也要謝謝林業試驗所的蘭花專家林哲緯先生對內容的專業校訂與建議；臺大實驗林研究人員楊智凱先生情義相挺的提供赤箭屬資料照片；還有臺大植物科學研究所林讚標教授、生態藝術家黃一峯先生、科普作家張東君小姐、泛科學主編雷雅淇小姐為本書撰文推薦。此外，要特別感謝師大生命科學系的王震哲教授與師大進修推廣部的黃文權老師。王教授是帶領我們進入植物分類與植物生殖生物學上的啟蒙恩師，開啟我們對蘭花授粉研究的興趣，而黃老師則在我們撰寫這本書期間提供許多技術上與精神上的支持。最後，要感謝家人的支持，讓我們能全心完成本書。

進入蘭的一花一世界

初 識 蘭 花　蘭花基本構造

Orchid
flowers

當我們在觀察蘭花時，會發現蘭花似乎與其他開花植物有著大不相同的花部結構。舉例來說，多數開花植物，以百合為例，從外而內可以依序觀察到萼片、花瓣、雄蕊、雌蕊四項構造，但絕大多數的蘭花，從外而內只能觀察到三項構造，那就是萼片、花瓣（含唇瓣）及一個稱為蕊柱的構造。

為了理解蘭花授粉機制的運作，首先必須瞭解蘭花特殊的花部構造，才能進一步得知授粉昆蟲在花朵上進行的每一個步驟。接下來就簡要說明蘭花這三項構造。

蕊柱，授粉成功的關鍵部位

所謂的蕊柱，指的就是雌蕊及雄蕊癒合在一起所共同形成的特殊構造。

之所以會有這樣的構造，是因為蘭花在演化的過程中，選擇了一條風險較高的路，那就是減少雄蕊的數量，並且與雌蕊癒合，為的就是集中所有能量在唯一一次授粉的機會中全力以赴。而且為了強化授粉的成功率，蘭花將所有花粉集結成一塊相當緊密的花粉塊，這樣就可以使授粉昆蟲一次將所有的花粉通通帶走。因此，蕊柱是蘭花生殖過程中最為重要的角色。

當我們進一步觀察蕊柱的每個細部構造時可以發現：蕊柱的上半部是提供花粉塊的位置，頂端有一個像蓋子般的構造，稱為藥帽（Anther cap）。藥帽所蓋住的這個空腔，就是所謂的藥床（Clinandrium），在藥床上就躺著花粉塊（Pollinia）。為了讓花粉塊能夠黏附在授粉者身上，有些花粉塊基部會有一個黏性構造，稱之為黏質盤（Viscidium）。

從藥床再往後走，可以發現有一個向內凹陷深入的凹槽，凹槽內部通常會有黏液的分泌，這個部位就是用來接受花

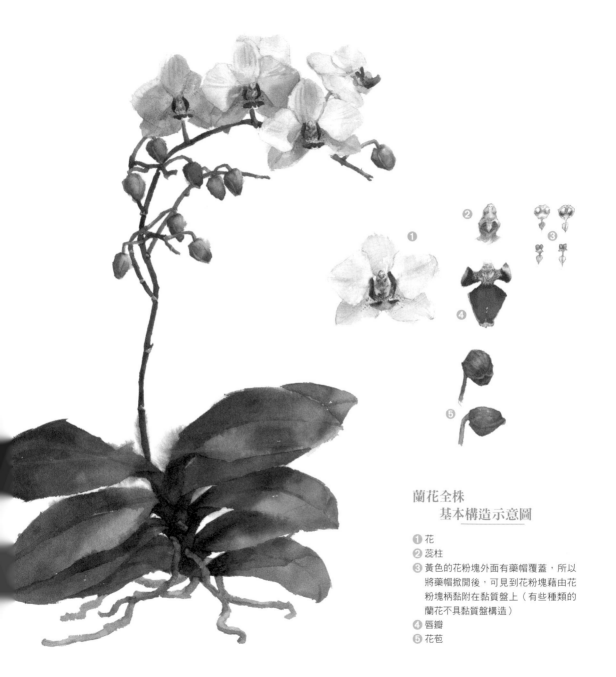

蘭花全株
基本構造示意圖

① 花

② 蕊柱

③ 黃色的花粉塊外面有藥帽覆蓋，所以將藥帽掀開後，可見到花粉塊藉由花粉塊柄黏附在黏質盤上（有些種類的蘭花不具黏質盤構造）

④ 唇瓣

⑤ 花苞

粉塊的柱頭（Stigma）。由此可知，柱頭和裝有花粉塊的藥床之間，可說是只有一牆之隔，所以有些蘭花為了避免授粉者不小心將自身的花粉塊帶到自己的柱頭上造成自花授粉的情形，會在藥床和柱頭之間多一個隔板來分隔彼此，這個構造稱為蕊喙（Rostellum）。在蕊喙以上作為提供花粉塊的功能，蕊喙以下則是接受花粉塊的功能。

當授粉者在蕊柱附近活動時，有可能因為碰觸擠壓到藥帽，造成藥帽脫落，使藥床裡的花粉塊露出並掉落。那些具有黏質盤的蘭花就可以緊緊黏附在授粉昆蟲身上。

而那些沒有黏質盤的蘭花怎麼辦呢？它們就需要讓授粉昆蟲先碰觸到柱頭上的黏液，再透過這些黏液來黏附花粉塊。當授粉昆蟲帶著其他花粉塊前來並深入蕊柱基部時，便可以將花粉塊黏附在柱頭上，完成授粉的基本路徑。

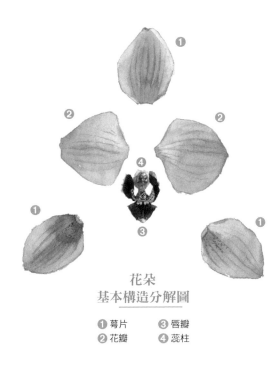

花朵
基本構造分解圖

❶ 萼片　　❸ 唇瓣
❷ 花瓣　　❹ 蕊柱

花瓣與萼片

認識了蕊柱的構造後，再來進一步觀察蘭花的花瓣與萼片。萼片是位於花朵最外輪的構造，通常有三片。位於花朵兩側、相互對稱的兩片稱之為側萼片，而位於上方的則稱為上萼片。

再往內觀察到第二輪構造，就是花

瓣。通常也具有三片，其中有兩片會左右相互對稱，形狀顏色往往與三片萼片較為接近；但是位於蕊柱對側的第三片花瓣就有所不同了。為了吸引昆蟲以及方便昆蟲停棲，這一枚花瓣的顏色、大小、形狀會有別於其他花瓣，因此這枚花瓣特別被稱為唇瓣，以便和其他的花瓣做區分。

在蘭花與昆蟲長期演化的過程中，蘭花的唇瓣演化出各種各樣的形態，更與其授粉者之間共同譜出令人驚歎的演化之舞。

在接下來的每一則授粉故事中，唇瓣的位置以及唇瓣所發揮的功能、唇瓣與蕊柱之間的關係，將會是極為重要的闡述重點。

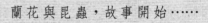

蘭花與昆蟲，故事開始……

一只包裹，開啓了生物演化
長達40年的謎團……

誘惑蜜腺 **風蘭**

Angraecum

西元一八六二年一月，陽光灑落在橡木桌的一角，一只包裹安靜無聲的被放置在桌上，標籤上寫著：「達爾文先生收」。一雙略帶皺紋的手，小心翼翼的將包裹打開。

這只包裹，寄自貝曼先生，裡頭裝著他從世界各地採集來的珍奇蘭花，讓達爾文在「蘭花授粉」這個研究主題上獲取更多紀錄與佐證。

當五十多歲的達爾文陸陸續續從箱子裡拿出不同蘭花，並在紙上詳實記錄下這些蘭花的特徵與相對應的傳粉媒介時，箱子裡一朵潔白無瑕的花朵吸引了達爾文的注意。不僅僅是因為花的顏色，它那略與手掌等大的花朵尺寸、蠟質厚實的花瓣，都是那麼的吸引人。其中最令達爾文震驚的是，在這花朵的後方，唇瓣向後延伸出一個細長的花距，而這花距竟不可思議的超過三十公分長。這種前所未見的花部構造著實困擾

著達爾文，他不斷思考：為什麼會出現這麼特殊的花形？是什麼樣的力量造就了這一切？

包裹中的神祕星狀花朵

這朵有著超長花距的蘭花，是馬達加斯加島嶼上特有的植物，因為它的花期通常在十二月到一月之間，加上花形如夜空中的星芒般，所以有著聖誕星蘭（Christmas star orchid）的稱號。在聖經的記載中，聖誕之星就是耶穌降生時天上那顆特殊的伯利恆之星，目前普遍認知那可能是顆彗星，也因此讓這種蘭花有了大彗星風蘭的俗稱。

風蘭屬（Angraecum）的植物幾乎都有著這樣的長距，但一般而言，長度多半在十公分左右，科學家也觀察到它們幾乎都以蛾類當作傳粉的媒介。但眼前這朵花距長達三十公分的大彗星風蘭也是如此嗎？達爾文不禁陷入深深的沉

思之中。

　為了一探究竟，達爾文趕緊從抽屜裡拿出一支細長的探棒，小心翼翼的將探棒深入花距中。結果發現，在花距的上端幾乎沒有花蜜，所有花蜜都集中在花距的最末端，這似乎代表如果有生物想要獲得這裡頭的花蜜，勢必要有一個非常長的口器才能接觸得到。此外，達爾文在用探棒檢查花距裡的花蜜時，在某些特殊的角度下，探針能夠順利移除蕊柱上的藥帽，並沾附到大彗星風蘭的花粉塊。更令達爾文確定的是，當他再將沾有花粉塊的探針重新深入花距內，花粉塊竟然也能非常巧合的黏附到柱頭上。因此，達爾文在他的著作中寫下：「在馬達加斯加的島嶼上，一定有一種能夠傳粉的昆蟲。可能是某種巨大的蛾類，牠的口器可以伸長

大彗星風蘭
（*Angraecum sesquipedale*）
花被片後方有著長達三十公分的花距。

超過三十公分，而這種蛾類在吸蜜的過程中，能夠協助花粉傳遞，替大彗星風蘭完成傳粉的動作。」

這番爭議性的言論，在當時的學界投下了一顆震撼彈，很多人都想著，怎麼可能會有口器長達三十公分的巨蛾存在？但達爾文非常確信大彗星風蘭和這種巨蛾之間的關係。他認為有著短口器的蛾類因為沒辦法碰到花蜜，所以這種授粉的關係並無法維持，加上口器太短，所以在深入花距時的角度也不對，導致無法順利帶走蕊柱上的花粉塊。因此，達爾文認為巨蛾和大彗星風蘭之間有著相依相存的關係，唯有長口器的巨蛾能夠讓大彗星風蘭成功授粉，並且進一步發育產生種子，如此後代的蘭花就能不斷的保持這樣長距的特色。所以如果馬達加斯加島上這種巨蛾已經滅絕，那麼大彗星風蘭應該也會跟著消失在演化的歷史上，但是我們仍然能夠在自然的環境中找到大彗星風蘭，這就代表，這種有著長口器的巨蛾一定存在於馬達加斯加島上的某個地方。

這樣的信念，直到達爾文辭世的那天還是沒有被證實。雖然之後科學家陸陸續續在非洲、巴西等地觀察到口器將近二十公分長的天蛾，但那個在預言中口器超過三十公分長的天蛾卻始終不見蹤影。四十年過去了，馬達加斯加島上的巨蛾仍然像是一則傳說。

預測之物現身！

到了一九○三年，有科學家在馬達加斯加島上發現一種天蛾。當他們小心翼翼的將天蛾的口器展開的那一瞬間，空氣彷彿凝結了，時光像是倒退回四十年前那一天，就是達爾文站在書桌旁端詳那朵大彗星風蘭的那個時刻。

顯示在量尺上的刻度數字讓人不可置信，這隻天蛾的口器長達三十公分，翼展更是超過十五公分！四十年前的預言，在這一刻終於得到了證實，這種天蛾（*Xanthopan morgani praedicta*），其實與之前在東非觀察到口器長達二十公分的天蛾非常類似，是牠的一個亞種，因此，為了紀念這個如同神話般的故事，這隻天蛾的亞種名被命為 *praedicta*，也就是預測之物的意思。目前馬達加斯加島上的亞種已和分布於非洲大陸的種類合併，確認為同一類群。

雖然預測之物終於被世人發現，但因為這種天蛾的數量非常稀少，而且都在深夜活動，所以牠與大彗星風蘭之間的關係其實還是不為人知。不過在科學家長期的野外監測下，終於在一九九二年首次記錄到這種天蛾拜訪大彗星風蘭協助傳粉的現象。

在那個晚上，原本已經死心、不抱任何希望的科學家正準備闔上雙眼，此時突來一陣雙翅拍振的高速頻率，扎扎實實將科學家的瞌睡蟲一掃而空。在那完全不敢呼吸的時刻，只見這隻長喙天蛾伸長了口器，直接瞄準大彗星風蘭蕊柱基部通往長距的開口，毫不猶豫的往長距裡不斷深入，直到頭部碰觸到蕊柱的頂端。

此時長喙天蛾終於獲得長距最末端的甜蜜報酬，在吃飽喝足後，長喙天蛾向上準備離開的瞬間，細長口器拉扯到蕊柱頂端的藥帽，隨著藥帽脫落，花粉塊也順勢向外掉出，花粉塊基部的黏質盤就這樣不偏不倚的黏附在長喙天蛾口器與頭部的相連接處。

大彗星風蘭的花粉塊就這樣順利完成傳遞，留下的只有雙翅的振動聲響及看得入神的科學家，整個故事也終於在這天勾勒出完整的輪廓。回頭一望，竟已揮灑了一百三十年的光陰。

風蘭與天蛾的演化之舞

這段歷史雖然已成過去，但除了大彗星風蘭外，綜觀整個分布於非洲及馬達加斯加島上的廣義非洲風蘭，包含了船

風蘭授粉方式

❶ 長喙天蛾受花蜜味道吸引，接近一朵大彗星風蘭。

❷ 長喙天蛾為吸食花蜜而伸長口器，並準確的將口器插入大彗星風蘭的花距中。

❸ 因花蜜只存在花距底部，受限於口器的長度，長喙天蛾的頭部會整個靠到花距開口處，開口上下即是蕊柱與唇瓣。因此在吸蜜的過程中，可能因拉扯使藥帽掉落，花粉塊就有機會黏附到天蛾的口器基部或頭部。

❹ 當天蛾吸足花蜜離開，就會帶著花粉塊到下一朵大彗星風蘭，達到傳粉目的。

型風蘭亞族（Aerangidinae）及非洲風蘭亞族（Angraecinae）。這些蘭花都和大彗星風蘭一樣，在與天蛾共同演化的歷程中，皆形成了長距、淡色花朵、帶有香氣這些共同的特徵，但是在花距的長度、角度與形狀上產生不同的變化，以因應不同的天蛾種類，以及區別不同花粉塊的附著位置。

除了與天蛾共同演化外，透過科學家的觀察研究發現，少數風蘭屬植物已經轉變為藉由鳥類傳粉，因此花距長度變得比較短，寬度也變寬，以符合鳥喙的外型。

除了天蛾及鳥類外，是否還有別種生物也在風蘭的生殖上扮演重要的角色呢？舉例來說，科學家在馬達加斯加這座神祕的島嶼上，其實還發現了另一種風蘭屬的長距風蘭（*Angraecum eburneum* var. *longicalcar*），其花距比大彗星風蘭還要長，幾乎達四十公分。因此，馬達加斯加島上或是世界其他的角落還會不會出現我們意想不到的謎樣之物，目前無法肯定，唯一可以確信的是，演化的力量還是持續在進行中。

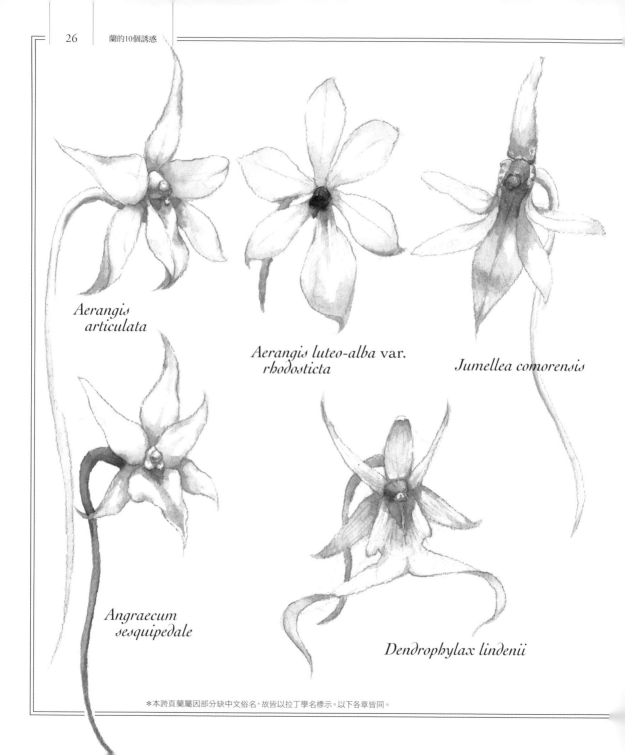

*Aerangis
articulata*

Aerangis luteo-alba var.
rhodosticta

Jumellea comorensis

*Angraecum
sesquipedale*

Dendrophylax lindenii

＊本跨頁蘭屬因部分缺中文俗名，故皆以拉丁學名標示。以下各章皆同。

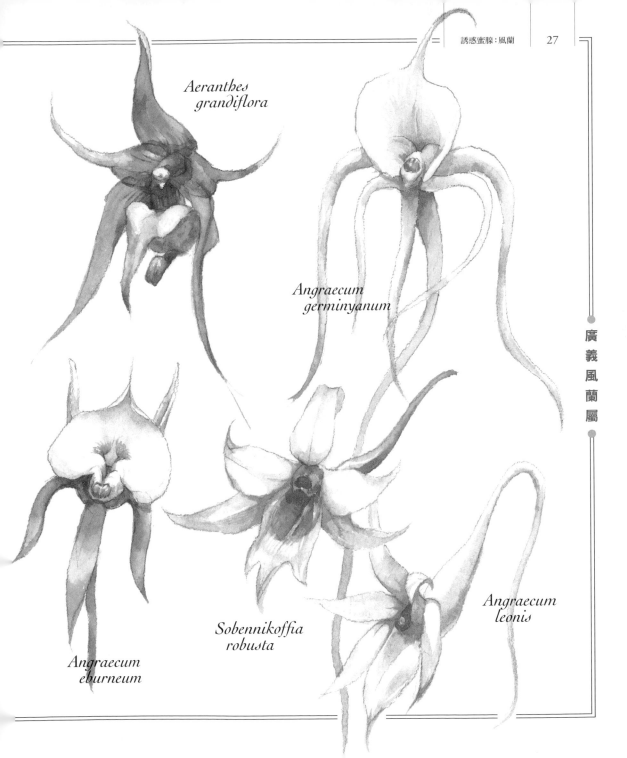

Aeranthes grandiflora

Angraecum germinyanum

Angraecum eburneum

Sobennikoffia robusta

Angraecum leonis

廣義風蘭屬

身上的汙痕，只是欺騙的開始……

峰 迴 路 轉　杓蘭與兜蘭

Cypripedium

Paphiopedium

「**咦**！這葉子怎麼了？上面黑黑一點一點的，是發霉了嗎？還是被感染了⋯⋯？」

如果你也正在喃喃自語說著上面這段話，請注意，你已經掉入毛瓣杓蘭（*Cypripedium fargesii*）鋪設好的天羅地網了！

從小到大，我們的腦中總有這樣的既定畫面：植物會開出鮮豔的花朵，花朵裡面有著甜滋滋的花蜜，吸引著各式各樣的昆蟲前來拜訪。然而，事實可能會讓你大吃一驚，因為在植物的世界中，超過三分之一的種類不會提供花蜜。

你可能會問：「這種沒有花蜜的花，該如何吸引昆蟲來幫忙傳播花粉呢？」事實上，在植物的社會中充滿了爾虞我詐的境況，有時「欺騙」也就成為某些植物拓展地盤的好手段。許多植物藉由花部型態或植株型態的改變，模擬成某種特定昆蟲的食物、雄性昆蟲的交配對象，甚至是昆蟲的生育環境，就是為了欺騙這些未經世事的授粉媒介昆蟲。這些昆蟲被吸引前來協助花粉傳遞，但又得不到任何獎賞，往往無功而返，藉此一次又一次在不同花朵間傳遞花粉，達到授粉的目的。

那麼植物到底是如何利用模擬來達到欺騙目的呢？我們透過毛瓣杓蘭（*Cypripedium fargesii*）的例子來看看植物模擬昆蟲食物資源的高超技巧。

全方位模擬與欺騙技巧

毛瓣杓蘭分布於中國湖北、四川的中、高海拔森林底層，它的葉子上有著一團團的大黑斑，往往吸引住登山客的目光。更重要的是，這是為了獲取綠澤黑蚜蠅的青睞。綠澤黑蚜蠅是一種食菌性蠅類，牠以某種枝孢菌（*Cladosporium* spp.）的菌絲及孢子為食。當植物受到這種真菌感染，葉面及果皮上就會出現這種黑斑，這便成為通知綠澤黑蚜蠅開飯的重要訊號。因此在視覺上，毛瓣杓蘭透過模擬感染後的黑斑，成功吸引了綠澤黑蚜蠅的注意。

單單只有視覺的模擬似乎還是無法完全騙過綠澤黑蚜蠅。中國科學家針對毛瓣杓蘭做研究，發現在毛瓣杓蘭葉片上的每個黑斑都有著為數眾多的細毛，在顯微鏡下觀察，這些細毛的微細構造竟然和此種真菌的菌絲及孢子型態相似。當綠澤黑蚜蠅來到葉子表面時，這些細毛在觸覺上也提供牠與真菌相似的觸感訊號。此外，毛瓣杓蘭開花時會散發出某種不太好聞的氣味，這氣味經研究人員分析後，分離出大約五十種化學物質，其中有三種氣味分子與此種真菌所釋放出的物質相同。由此可知，當綠澤黑蚜蠅一旦降落在有著這些大黑斑的葉片上，自然就陷入了毛瓣杓蘭在視覺、觸覺、嗅覺三方面所鋪下的天羅地網。

不只詐騙，還有陷阱等著你

當綠澤黑蚜蠅沿著熟悉的氣味往花朵上爬時，迎接牠的，是另一個設計精密的陷阱。

杓蘭花朵的囊袋狀唇瓣有著光滑的表面，綠澤黑蚜蠅踏上唇瓣時，會因為摩擦力太小而失足落入唇瓣中。在囊袋中驚慌失措的綠澤黑蚜蠅會發現四周幾乎都是無法著力的光滑表面，唯一能夠爬行的只有杓蘭為授粉昆蟲預留的一條通道，而這條通道的盡頭正是毛瓣杓蘭的蕊杜，其中包含了雌蕊的柱頭和雄蕊所提供的花粉塊。因此，當綠澤黑蚜蠅要爬離這朵花時，花粉塊會順勢黏附到綠澤黑蚜蠅的背部，成為攜帶花粉塊的最佳平台。等到這隻綠澤黑蚜蠅又不小心落入了另一朵毛瓣杓蘭的陷阱時，這個花粉塊會隨著牠再次爬離唇瓣時，接觸到柱頭上，成功達到授粉的目的，也為毛瓣杓蘭的欺騙技巧畫上完美的句點。

杓蘭授粉方式

❶ 綠澤黑蚜蠅受到杓蘭的氣味及葉片上大型菌斑的吸引，往花朵上爬去。

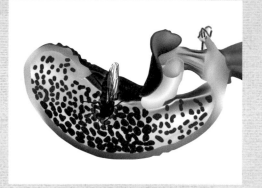

❷ 受氣味導引到杓蘭的唇瓣上，唇瓣表面光滑，當綠澤黑蚜蠅到唇瓣開口附近，會因摩擦力太小失足落入唇瓣中。

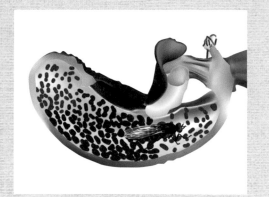

❸ 綠澤黑蚜蠅發現四周都是無法著力的光滑表面，只能沿著杓蘭為授粉昆蟲預留的通道前進。

❹ 通道盡頭正是杓蘭的蕊柱，出口處就是花粉塊的位置。當綠澤黑蚜蠅要經由出口爬離時，背部會黏附到花粉塊。

❺ 脫困的綠澤黑蚜蠅帶著花粉塊離開，並帶到下一朵花。

像這類葉子有著看似真菌感染的大黑斑，也出現在中國的其他蘭花種類中，像是麗江杓蘭（*C. lichiangense*）、斑葉杓蘭（*C. margaritaceum*）、長瓣杓蘭（*C. lentiginosum*）等，可能都是在環境中受到相同的演化壓力，才發展出相似的外型特徵。

除了杓蘭，還有兜蘭

囊袋狀的唇瓣構造除了出現在杓蘭屬（*Cypripedium*）的植物外，還有分布於中國大陸、印度、東南亞地區的兜蘭屬（*Paphiopedium*）植物；分布於中美洲、南美洲的美洲兜蘭屬（*Phragmipedium*）、西麗妮鞋蘭屬（*Selenipedium*）；以及侷限分布於墨西哥的墨西哥鞋蘭屬（*Mexipedium*），這五個屬的植物皆演化出與杓蘭相似的囊袋狀唇瓣。

因為相似的基本特徵，所以這些植物也有著類似的授粉機制，它們都想盡辦法吸引授粉者前來光滑的囊袋表面，再趁授粉者不小心失足掉落囊袋內部，導引授粉者前往囊袋末端連接蕊柱的出口位置。

從毛瓣杓蘭的研究當中，我們發現了杓蘭有模擬真菌病斑吸引綠澤黑蚜蠅的現象，那除此之外，還有什麼能夠吸引授粉者的方式？

在兜蘭屬植物的研究中，科學家發現大多數兜蘭都會吸引蠅類來訪。透過外型特徵的觀察，我們可以發現大多數兜蘭在花瓣或萼片上有許多黑點、條紋或細毛，且大多數顏色比較暗沉；此外，在假雄蕊的構造上，通常密布許多黑點和向上突起的小疣粒，從遠處看起來就像是蚜蟲聚集的群落。蚜蟲正是食蚜蠅幼蟲夢寐以求的食物，以羅氏兜蘭（*Paphiopedilum rothschildianum*）的研究來看，雌性的食蚜蠅會被吸引過來，停留在兜蘭的花上，為了讓自己的寶寶孵化出來的時候能飽餐一頓蚜蟲大餐，牠們會尋找適合產卵的地方。在這樣的過程中，只要食蚜蠅媽媽一個不小心，失足墜入囊袋中，就有機會協助兜蘭傳播花粉塊。

除了模擬蚜蟲群落的說法，還有些科學家發現假雄蕊的表面通常具有光澤，在光線照射下會產生反光，看起來很像蚜蟲所分泌出的蜜露在陽光照射下閃閃誘人的模樣，因此也能成功吸引以花蜜和花粉為食的食蚜蠅成蟲。

不只食蚜蠅有這種遭遇，研究還指出某些顏色較明亮的兜蘭，像杏黃兜蘭（*Paphiopedilum armeniacum*）及硬葉兜蘭（*Paphiopedilum micranthum*），是由蜜蜂來協助傳粉，因為蜜蜂視覺所能接收到的波長恰好是黃色或藍色。

從顏色、食物資源的模擬兩方面來著手，再搭配光滑的囊袋及單行道的導引，就是這類有著囊袋唇瓣蘭花的重要技巧喔。

Cypripedium margaritaceum

Cypripedium fargesii

Cypripedium lichiangense

杓
蘭
屬

Cypripedium lentiginosum

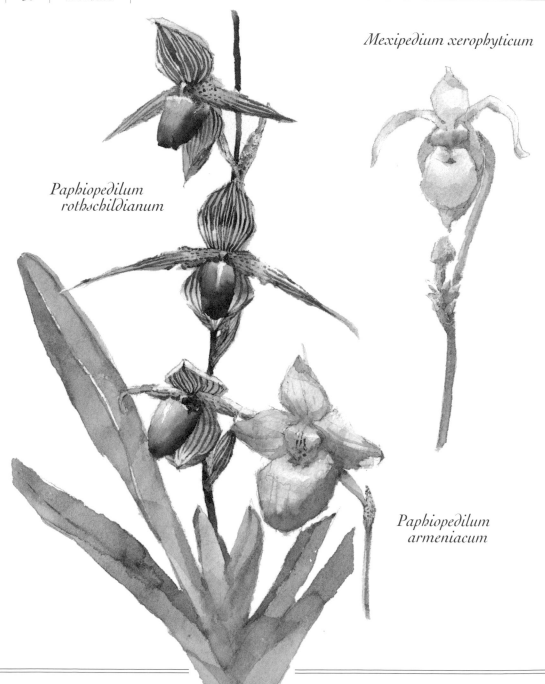

Mexipedium xerophyticum

*Paphiopedilum
rothschildianum*

*Paphiopedilum
armeniacum*

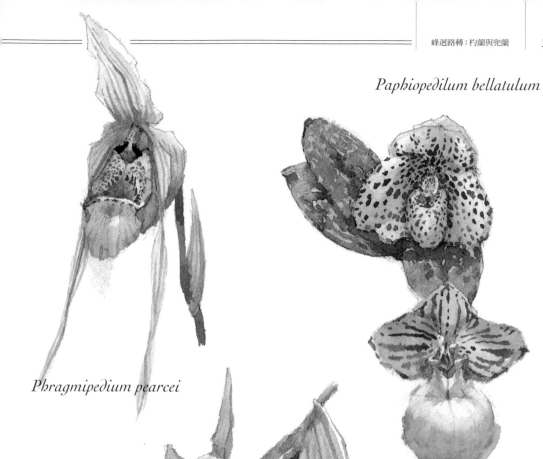

Paphiopedilum bellatulum

Phragmipedium pearcei

Paphiopedilum micranthum

Selenipedium aequinoctiale

究竟是個假裝的食物，還是求偶的舞臺？

Dracula

「隨著海拔不斷攀升，我的腳步越來越沉重，呼吸的節奏也越來越難穩定下來。一路跋涉在這海拔兩千多公尺的山區，我決定暫時停留休息。或許是午後飄起的陣陣雲霧，浸溼了衣物，讓我感到有些涼意。環顧四週，草木的表面似乎都披上一層水露；腳邊的腐葉堆中，有好多朵潔白無瑕的菌菇探出土地。我蹲下來觀察，透過陽光，那菌傘下的皺褶看來美極了，貼近一聞，還能嗅到那股野生真菌的特殊氣味。我一手扶著樹幹，準備起身的時候，樹幹上除了密布的蘚苔外，還有一叢植物伸長了兩個花序，上面個別著生了一朵花。說也奇怪，這兩朵花並沒有一般花朵的姿態，反而是往下低垂懸掛著。我靠近觀察，這朵花的中心竟然有著一片像我剛才看到的菌傘一般的構造，而且細細一聞，好像還能嗅到一股野生蕈類的淡淡味道。這是何等奇特的物種，為何同時有著植物和真菌的特徵呢？」這樣的故事橋段，出現在觀察過龍蘭（*Dracula*）花朵的每一個人心中。

偽裝成一朵菇

分布於安地斯山脈、厄瓜多及哥倫比亞一帶的龍蘭屬植物，約有100～150個不同種類，其花朵最大的特色，就是那極為發達的三片萼片。這三片萼片的基部合生在一起，形成一個甜筒狀構造。在甜筒正中心就是蘭花生殖上最為重要的蕊柱構造，而在蕊柱兩側有著兩個突起的小點，這也就是龍蘭屬植物極度退化的花瓣。

相較於這兩個不顯眼的小點，在蕊柱下方可以看到的是一個極為吸睛的唇瓣。唇瓣的上半部，我們稱為上唇（Epichil），是一個柄狀構造，與蕊柱基部相連；而唇瓣的下半部，就是下唇（Hypochil），特化成一個大型肉質的盤狀構造，像極了翻過來後的菌傘，尤其是那表面的放射狀隆起的稜脊，就與菌傘中的菌褶一樣，模擬得微妙微肖，再加上透白或淡粉紅的唇瓣與深色的萼片形成強烈對比，讓人第一眼就會被這個特殊構造深深吸引。

這個蘭花為什麼有著蕈類的外表？這和吸引傳播媒介昆蟲有任何關係嗎？它的傳粉模式又是什麼呢？這一連串的問號變成了授粉學家從古至今期望解開的謎團。

在達爾文的手稿記錄中有提到，他曾經在溫室中觀察過與龍蘭屬近緣的其他類群的花，並在上頭發現有蠅類產卵的現象。西元1978年，斯特凡・沃格爾（Stefan Vogel）的著作中更是大膽提出龍蘭屬植物授粉的可能機制。在沃格爾所提出的假說中，龍蘭是利用唇瓣模擬蕈類，欺騙原先在蕈類產卵的蕈蠅或果蠅轉移產卵場所，當蠅類來到龍蘭的唇瓣上產卵時，就有機會將花粉塊帶走，進而授粉成功。

除了外型的模擬，沃格爾更認為唇瓣上的稜脊在觸覺方面的模擬及花朵散發出類似蕈類的氣味模擬，都能更加支持龍蘭屬植物模擬蕈類產卵場所的假說。在2006年，瑞士化學家羅曼・凱澤（Roman Kaiser）針對龍蘭屬植物進行的氣味分析研究，發現了卻斯特頓龍蘭（*Dracula chestertonii*）的花朵的確釋放出蕈類常出現的氣味分子結構（1-octan-3-ol），因此也讓科學家對於這個授粉假說更加堅信不移。

有趣的是，在沃格爾提出假說的這二十年來，竟然沒有任何一位科學家有實際在野外對龍蘭屬植物的花朵進行授粉的觀察研究。因此，在二十年後，當有科學家決定實際來觀察看看時，其結果在授粉學界丟下了一顆震撼彈。原先大家認為一定會觀察到蠅類被騙到龍蘭花

卻斯特頓龍蘭
（*Dracula chestertonii*）
龍蘭的唇瓣模擬成蕈類的造型。

上產卵的現象，竟然完全沒有發現，唇瓣上找不到任何蠅類產下的卵，這個結果讓原先的授粉假說被打上一個大大的問號。

那是舞臺，來跳浪漫求偶舞吧！

雖說如此，科學家還是在觀察的過程中，發現一個極為有趣的現象，那就是蠅類的確被吸引到唇瓣上，但不是為了產卵，而是把唇瓣當作一個求偶展示的場域。

他們發現蠅類在唇瓣、萼片上會不斷擺動並振動雙翅來求偶。不論是展示的雄性個體，或是被吸引而前來的雌性個體，當他們在唇瓣上移動，唇瓣上的稜脊會導引蠅類往唇瓣的基部，也就是蕊柱的方向移動。當蠅類來到蕊柱前方試著進入蕊柱與唇瓣間的空隙時，此時後腳在唇瓣的邊緣上不小心打滑，使中腳和後腳將唇瓣往遠離蕊柱的方向推動。

這樣的移動，讓蠅類被推入蕊柱內凹的縫隙中，而縫隙兩旁的爪狀構造更是牢牢抓住了蠅類的胸部。越是掙扎，牠的腳就將唇瓣推得越遠，蠅類也就越陷越深，直到蠅類放棄掙扎後，唇瓣慢慢回復到原先的位置，蠅類才慢慢滑出蕊柱的凹槽。

此時，蠅類的腹部及胸部已經沾滿

了凹槽中分泌的黏液。當蠅類緩緩向後退出的過程中，胸部和腹部的角度又剛剛好把藥帽推開，背部的黏液又碰到花粉塊的黏質盤，因此蠅類在離開的過程中，就這麼精巧的將花粉塊帶離，完成花粉傳遞的動作。

或許是因為實際觀察的案例太過稀少，加上科學家也沒有更進一步的實驗去證實模擬展示場與授粉成功的真正相關性，所以龍蘭屬植物的授粉機制究竟是模擬產卵場所，還是提供求偶展示場所，抑或有任何我們意想不到的精心策略，都有待未來下一位再次被龍蘭驚豔的人們來發掘。

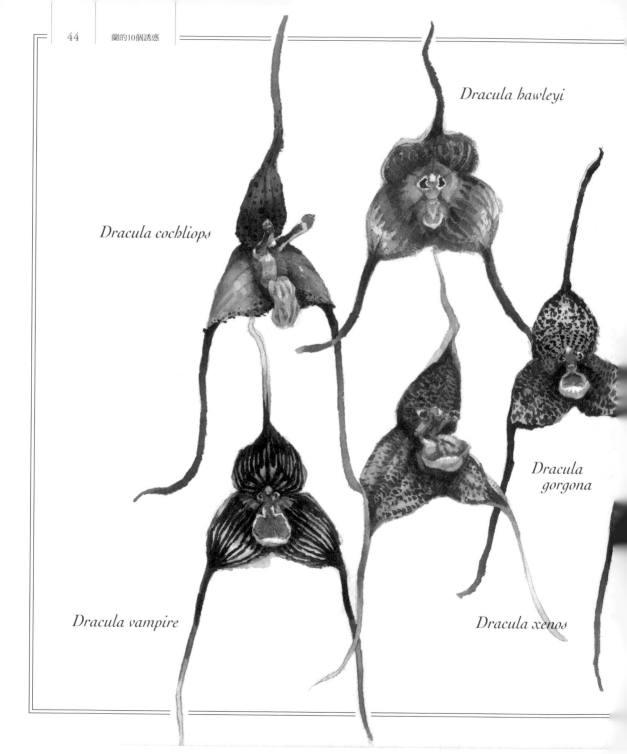

Dracula hawleyi

Dracula cochliops

Dracula gorgona

Dracula vampire

Dracula xenos

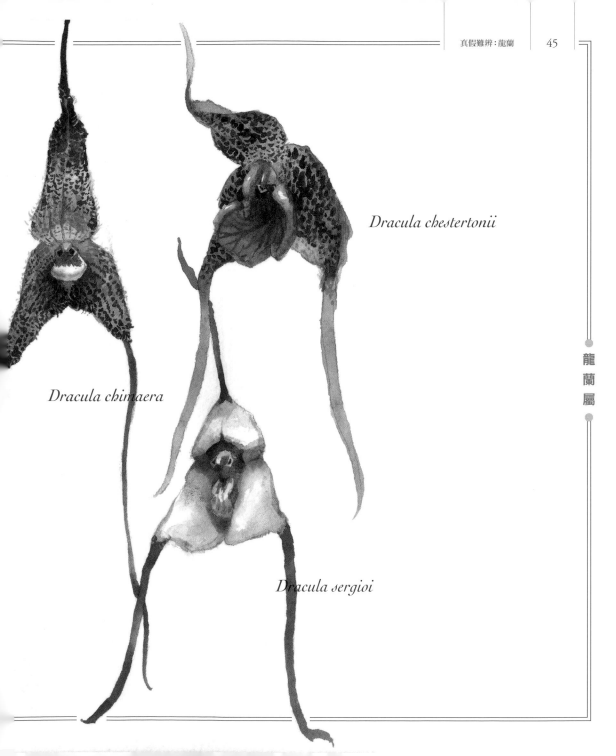

Dracula chestertonii

Dracula chimaera

Dracula sergioi

愛情的路上如此坎坷，誰才是我真正的另一半？

枕 邊 陷 阱 **蜂蘭**

Ophrys

地花蜂（*Andrena*），飛翔於南歐草地上，與平常我們熟知的蜜蜂不一樣，雖然也喜歡在花朵間來回穿梭、採集花粉，卻少了群聚的生活方式。此外，牠們的巢穴也與其他蜜蜂不同，是築在砂質土壤上。

故事的開始源自於兩隻在草地上相遇、相戀的地花蜂。在交尾儀式後，雌蜂在砂質土壤間找尋適合築巢的好洞穴，挖掘一番後，將花粉、花蜜、唾液與土壤混合並搓揉成球狀，在其中產下一顆卵。這顆卵在土壤中靜靜發育成幼蟲，最後形成蛹，直到度過嚴冬，溫暖的氣候喚醒了蛹中的地花蜂。一陣騷動後，這隻初生的地花蜂咬破了自己的蛹殼，不斷的往巢穴洞口鑽，似乎想要趕緊見證這個光明的世界。

鑽出洞口的牠，除了找尋花粉、花蜜果腹之外，更重要的是，牠想要像父母親那樣在草地上找到自己生命中的另一半，但沒想到，愛情這條路，對牠而言竟是如此坎坷。

地花蜂的初戀

這隻未經世事的雄地花蜂低飛於草地上，遠方似乎飄散出一陣又一陣、那股專屬於雌蜂的費洛蒙氣味，於是，雄地花蜂毫不猶豫的循著氣味線索向前追尋。隨著距離越來越近，那股令人蠢蠢欲動的氣味就越濃。雄地花蜂發了狂似的在空中找尋雌蜂身影，此時，眼角餘光看到了一個極為性感的雌蜂腹部，雄地花蜂二話不說往前趴伏在上，前肢感受到那股毛絨的觸感，這讓牠更加確信這是牠的真命天女。

正準備進行交尾儀式時，奇怪的事發生了。雄地花蜂腹部的交尾器始終找不到另一半的交尾器。屢屢無法與另一半結合的牠，開始焦躁不安，腹部與頭部不斷在這疑似雌蜂的另一半身上竄動。

蜂蘭
(*Ophrys apifera* var. *aurita*)
唇瓣密布絨毛模擬雌蜂腹部的型態。

就在這時，雄地花蜂一個抬頭，不曉得碰觸到什麼，一個鮮黃物質不偏不倚的黏附在牠的兩觸角間。

疑惑？憤怒？受挫？搞不清楚發生什麼事的雄地花蜂飛離了牠的初戀，也離開了蜂蘭設下的誘人陷阱。

分布於南歐、北非、中東的蜂蘭屬（*Ophrys*）植物，生長於乾草原上，拇指般大的花朵小巧精緻，仔細觀察，唇瓣的形狀像極了雌地花蜂的腹部。不僅是外型相似，連唇瓣上的特殊斑塊與顏色線條，甚至是上頭密生的絨毛都模擬得維妙維肖。

此外，科學家透過氣味分析研究，發現蜂蘭屬植物所散發出的氣味，與雌地花蜂費洛蒙中的化學組成有著極高的相似度。正因如此，雄地花蜂便在這股山寨氣味中迷失了自己，一步步被導引到蜂蘭的唇瓣上。在視覺及觸覺的雙重感官刺激下，雄地花蜂才會不疑有他，與蜂蘭的唇瓣進行交尾。這也就是生殖生物學中非常經典的假交配現象（Pseudocopulation）。

蜂蘭透過嗅覺、視覺、觸覺三方面的模擬，徹底欺騙雄地花蜂，讓牠在假交配的行為中不小心誤觸蕊柱上的藥帽，於是鮮黃的花粉塊便直接黏附在牠的頭部正中央。搞不清楚狀況的雄蜂只好帶著花粉塊喪氣的離開，蜂蘭也藉此取得第一階段的成功。

蜂蘭的高超騙術

離開初戀的雄蜂雖然有些喪氣，但因為還沒有達成繁殖後代的重要使命，還是不放棄的在草原找尋下一位適合的伴侶。飛著飛著，那股誘人的氣味再次傳來，熟悉的腹部又出現在眼前。

雄蜂對自己說：「再試一次吧！」當牠趴伏在雌蜂腹部上準備交尾，事實恐怕讓牠心碎，因為，牠又一次的掉入蜂蘭的陷阱。牠在模擬雌蜂的唇瓣上竄動，過程中，先前黏附在頭部的花粉塊也不偏不倚再次擠壓到蕊柱基部的柱頭上，成功達成蜂蘭第二階段的工作，完成授粉。由於遲遲無法在蜂蘭的唇瓣上獲得滿足，雄地花蜂只好不斷尋找新對象，也因此成為蜂蘭的最佳信使與授粉專員。

不過，就像放羊的孩子一般，若是蜂蘭欺騙地花蜂的次數過多，也會使得雄地花蜂不再相信，也因此不願意嘗試，這樣反而會造成蜂蘭在生殖上的一大障礙。於是蜂蘭開花的密度與欺騙的次數，就在相互需求間達到平衡。

或許有人會問：那真正的雌地花蜂在哪裡？演化給的答案總是讓人驚歎。

如果蜂蘭和正牌雌地花蜂同時擺在雄

蜂蘭授粉方式一

❶ 新生的雄地花蜂受到蜂蘭的氣味及視覺吸引，將蜂蘭誤認為雌地花蜂。

❷ 搭配唇瓣毛絨的觸感，強化蜂蘭模擬雌蜂的效果，讓雄地花蜂開始與蜂蘭的唇瓣交尾。

❸ 在假交配過程中，雄蜂頭部誤觸蜂蘭蕊柱上的藥帽，藥帽脫落後，裡頭的花粉塊掉落並黏附在雄蜂的頭部。

❹ 雄蜂帶著花粉塊離開，再到下一朵花，完成傳粉的工作。

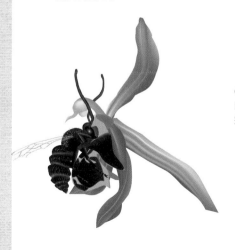

蜂蘭授粉方式二

① 新生的雄地花蜂受到蜂蘭的氣味及視覺吸引，將蜂蘭誤認為雌地花蜂。

③ 在假交配過程中，雄蜂腹部誤觸蕊柱上的藥帽，裡頭的花粉塊掉落並黏附在雄蜂腹部。

② 雄蜂來到唇瓣上進行交尾動作。特別的是，在*Ophrys bilunulata*這種蜂蘭上，雄蜂會轉身將腹部深入蕊柱進行交尾。

④ 攜帶著花粉塊的雄蜂繼續飛往下一朵花，繼續下一段假交配的旅程。

蜂眼前，正牌的雌地花蜂當然還是比較具有優勢，這樣會使蜂蘭的生殖成功率大幅下降。因此，蜂蘭在長時間的演化適應下，花期大多集中於雌地花蜂大量鑽出土壤前的一個月內，而未經世事的雄地花蜂只好不斷的在蜂蘭的唇瓣間尋找、試探，卻絲毫不知道自己的真命天女還在土壤中尚未醒來。

等到牠最後終於明白時，蜂蘭已經結出一個又一個飽滿的果實，孕育著無數個後代，延續著這令人歎為觀止的欺騙伎倆。

Ophrys apifera

Ophrys dinarica

Ophrys lutea

Ophrys insectifera

Ophrys reinholdii

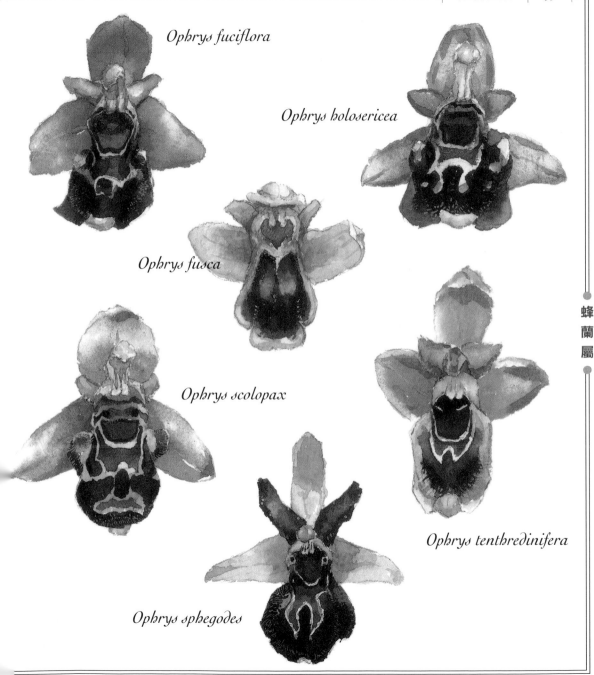

Ophrys fuciflora

Ophrys holosericea

Ophrys fusca

Ophrys scolopax

Ophrys tenthredinifera

Ophrys sphegodes

蜂蘭屬

親愛的，這是我想念你的味道……

致命氣息 隱柱蘭與三角蘭

Cryptostylis

& Trigonidium

時光倒轉回某個午後，在澳洲墨爾本的某個小鎮，伊迪絲‧柯曼（Edith Coleman）小姐的家中，突然從門外傳來陣陣呼喚聲。

柯曼小姐放下手中的茶壺趕緊去開門。「桃樂絲！怎麼了？看你一臉興奮的樣子。」

「媽！你快來！我在我們家旁邊那個灌木叢旁發現一個好有趣的現象。那裡不是有很多的隱柱蘭嗎？剛剛有一隻黃蜂抱著隱柱蘭的花不放。最有趣的是，牠的腹部還不斷伸到花裡面呢。」

「真的嗎？快帶我去看看，這看起來是個有趣的故事，我的讀者們應該會有興趣。」柯曼小姐隨女兒一起來到這個灌木叢邊，看到幾朵盛開中的薄唇隱柱蘭（*Cryptostylis leptochila*）。其中有一朵隱柱蘭上真的趴伏著一隻黃蜂。正如桃樂絲所說，牠的腹部蜷曲起來，插入隱柱蘭的花部深處。

隱柱蘭的特殊發現

柯曼小姐小心的趴伏下來，仔細觀察這隻黃蜂的行為，發現這隻黃蜂微微的顫抖，更特別的是，當柯曼小姐將手靠近黃蜂時，本來以為牠會飛離現場，沒想到這隻黃蜂感覺起來不太有精神，就靜靜趴伏在花上。柯曼小姐不太明白這個行為代表什麼意思，於是趕緊將這觀察記錄下來。

身為《維多利亞自然學者研究期刊》（*The Victorian Naturalist*）的撰文者，她有一群忠實讀者，其中有些人對昆蟲行為較有研究，因此展開了一場對於隱柱蘭及黃蜂間交互關係的討論與觀察。

剛開始柯曼小姐還以為這些黃蜂是在花上產卵，但是觀察後發現沒有在花上找到任何卵或是孵化出來的幼蟲。研究者回頭檢查這些趴伏在花上的黃蜂，發現了一個有趣的現象：這些黃蜂，竟然都是雄的。

柯曼小姐不禁想著：「都是雄蜂！難道花朵上有什麼特殊物質會專門吸引雄性嗎？會不會是隱柱蘭的花會釋放出某種香氣，而這種香氣能夠成功吸引雄性的黃蜂呢？」

這個故事的開頭，你有沒有覺得非常熟悉呢？我們曾經在南歐的蜂蘭屬植物中發現蜂蘭的花能夠模擬雌性地花蜂，不論是外型、氣味、表面的毛絨觸感，都成功誘發雄地花蜂在花上表現出交配的動作。

橫跨了半個地球，隱柱蘭屬的植物與黃蜂之間是否演化出相同的機制？黃蜂趴伏在花上的行為是否真的在交配，還是另有更為精巧的機制呢？

滿綠隱柱蘭
（*Cryptostylis arachnites*）

此為臺灣低海拔山區可見的隱柱蘭，
但其授粉模式是否與澳洲的同屬種類相同，
尚待更多資料佐證。

這樣的疑問不僅存在你我之間，在柯曼小姐及之後科學家的腦中，也同樣迴盪著。

祕密武器究竟是……？

隱柱蘭屬的植物廣泛分布於熱帶及副熱帶的亞洲地區與大洋洲等地，此外還有澳洲地區也有五種隱柱蘭分布，他們在花部型態上都具有一個共通特徵，那就是因花不轉位而具有一個大型向上的唇瓣。

唇瓣形狀依種類而有不同，有些是貝殼狀，有些是舌頭的形狀，故隱柱蘭又有「舌蘭」的稱號，像是有些黃綠色唇瓣上，會有深棕色或紫色的條紋；有些則具有暗色點狀的瘤突。

相較於唇瓣的外型，另外兩片花瓣與萼片則是相當狹窄細長，與唇瓣形成顯著對比，因此不論是以人的眼光或是黃蜂的眼光，唇瓣都能在第一時間抓住拜訪者的目光。

除了視覺的吸引外，隱柱蘭更是成功模擬了雌蜂散發出的費洛蒙氣味，因此當雄蜂從土壤中羽化出來後，這股氣味便在第一時間挑起雄蜂內在本能對異性的渴望。

隱柱蘭也十分懂得抓緊時機，在雌蜂尚未羽化的這段空窗期，利用雄蜂對於交配的渴望，成功將牠們吸引到唇瓣上頭。這樣的技巧與南歐的蜂蘭屬植物似乎師出同門，兩者皆能吸引雄性授粉昆蟲前來進行假交配。

不同的是，雄蜂除了將交尾器深入唇瓣及蕊柱內側進行交尾之外，科學家更進一步的在雄蜂交配後的隱柱蘭上找到一些不知名液體，透過顯微鏡檢查，發現裡頭竟然是雄蜂的精子。

這項發現著實帶給科學家們不小的震撼。因為假交配的案例在植物界中並不罕見，但雄性授粉昆蟲要能夠在花上真

隱柱蘭授粉方式

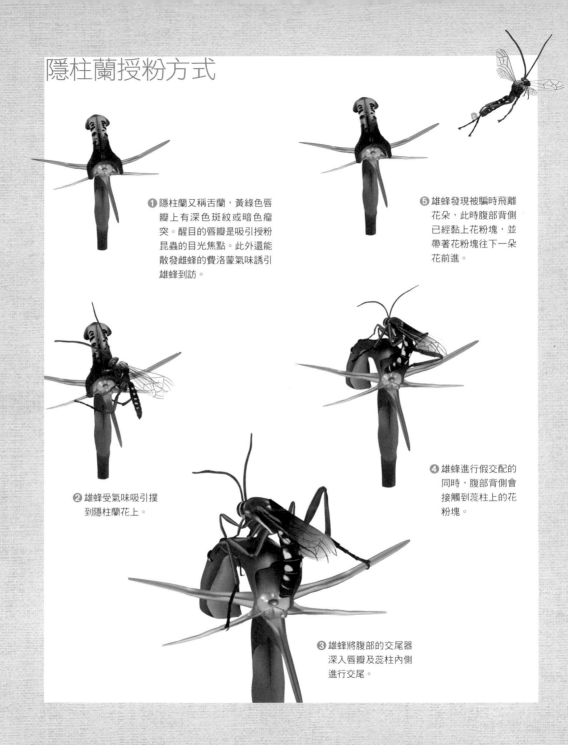

❶ 隱柱蘭又稱舌蘭，黃綠色唇瓣上有深色斑紋或暗色瘤突。醒目的唇瓣是吸引授粉昆蟲的目光焦點。此外還能散發雌蜂的費洛蒙氣味誘引雄蜂到訪。

❷ 雄蜂受氣味吸引撲到隱柱蘭花上。

❸ 雄蜂將腹部的交尾器深入唇瓣及蕊柱內側進行交尾。

❹ 雄蜂進行假交配的同時，腹部背側會接觸到蕊柱上的花粉塊。

❺ 雄蜂發現被騙時飛離花朵，此時腹部背側已經黏上花粉塊，並帶著花粉塊往下一朵花前進。

正達到滿足並釋放精液，這倒是第
一次發現。因此，究竟是什麼樣的差
異讓隱柱蘭有別於其他運用假
交配機制的蘭花，更能夠讓
雄性授粉昆蟲達到滿足？而
這樣的後果是否會影響授粉的成
功率？這點似乎需要更多科學家的投
入與研究了。

　　這個午後，因為小桃樂絲的觀察而變
得有趣，這個午後，也造就了蘭花生
殖生態學中最為重要，最引人入勝
的一個篇章。

三角蘭以氣味取勝

　　從南歐的蜂蘭到澳洲的隱柱蘭，我們
都可以發現許多蘭花是利用假交配的方
式完成授粉。從中我們似乎可以看出一
個共通特色，那就是氣味的模擬在整個
假交配的機制中，是非常重要的一環，
這樣才能在遠距離成功觸發昆蟲內在本

愛格坦三角蘭
(*Trigonidium egertonianum*)

花朵的型態看來並沒有模擬雌性授粉昆蟲的外型，但一點
也不影響假交配的進行。因為花瓣上腺體所散發的氣味，
已經讓授粉昆蟲陷入瘋狂。

能的生殖慾望。相反的，外型的模擬在
整個機制中比重則較少，像是隱柱蘭的

唇瓣外型就與授粉昆蟲不太相似。

更明顯的例子則出現在南美洲的墨西哥到巴西南部原始森林中。附生在樹上的三角蘭屬植物（*Trigonidium*），花朵的外觀其實不太起眼，三片淡黃綠色的萼片形成漏斗狀構造，從外表看起來完全不像是模擬雌蜂來進行假交配的蘭花。但是花不可貌相，只要三角蘭的開花時間一到，就會有眾多雄蜂像發狂似的飛入漏斗狀的花中，當你起身想要看清楚時，便能看見雄蜂正對著萼片和萼片中央的一個黑色斑塊進行交配動作。這個黑色斑塊其實就是側邊兩片狹長花瓣頂端的膨大腺體，藍紫色的腺體散播出的味道可以在短時間內吸引無數雄蜂在花朵間穿梭，為了搶奪與腺體交尾的機會。

透過這個例子，我們可以發現三角蘭連基本外型上的模擬也省下來了，直接就以腺體散發出的誘人氣味達到吸引雄蜂的最高境界。

不只靠味道，還做陷阱

吸引歸吸引，在蜂蘭與隱柱蘭的例子中，雄蜂假交配的動作是發生在蕊柱上，因此可以藉由交配的動作帶走蕊柱上的花粉塊，進而完成授粉，但是三角蘭讓雄蜂交配的地點卻是在花瓣頂端的腺點，這個位置可是離最重要的蕊柱十萬八千里遠呢！那麼它究竟是如何成功達到授粉的結果呢？

在時間的歷程中，昆蟲和植物之間長期的共同演化，造就了不同奇特的花形和機制。有些能誘騙昆蟲進行假交配；有些則是設下陷阱讓授粉者不經意滑倒；還有些像三角蘭這樣巧妙的融合兩種技巧。

從三角蘭漏斗狀的花形，或許已經有許多人能窺知一二了。因為三角蘭的蕊柱就位在漏斗的最基部，因此當雄蜂被吸引到花瓣上方腺體進行假交配時，一個失足，重力的作用會使牠直接掉落到漏斗最底部。

在不斷掙扎的過程中，雄蜂會不經意進入唇瓣和蕊柱間的狹小空間，並且在推擠間不經意的將蕊柱上的藥帽移除，使花粉塊能順利黏附在背部及腹部，而等到雄蜂脫離漏斗的陷阱時，花粉塊便能隨著再一次受到腺體吸引的雄蜂給傳遞出去。

三角蘭授粉方式

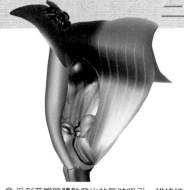

❶ 受到花瓣腺體散發出的氣味吸引，雄蜂接近花朵，往花瓣移動。

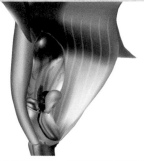

❹ 在不斷掙扎的過程中，雄蜂會不經意陷入唇瓣和蕊柱間的狹小空間。

❷ 雄蜂正對花瓣頂端膨大的腺體進行交配動作。

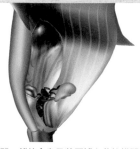

❺ 為了離開，雄蜂會盡量將唇瓣和蕊柱推開，過程中會不經意將蕊柱上的藥帽移除，使花粉塊順利黏上背部。

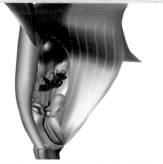

❸ 由於花瓣表面光滑，雄蜂假交配時一有失足，會直接落到漏斗狀花朵的最底部。

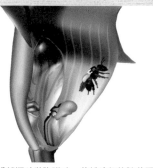

❻ 等雄蜂脫離漏斗狀陷阱時，花粉塊便能隨著再次受到腺體吸引的雄蜂傳遞出去。

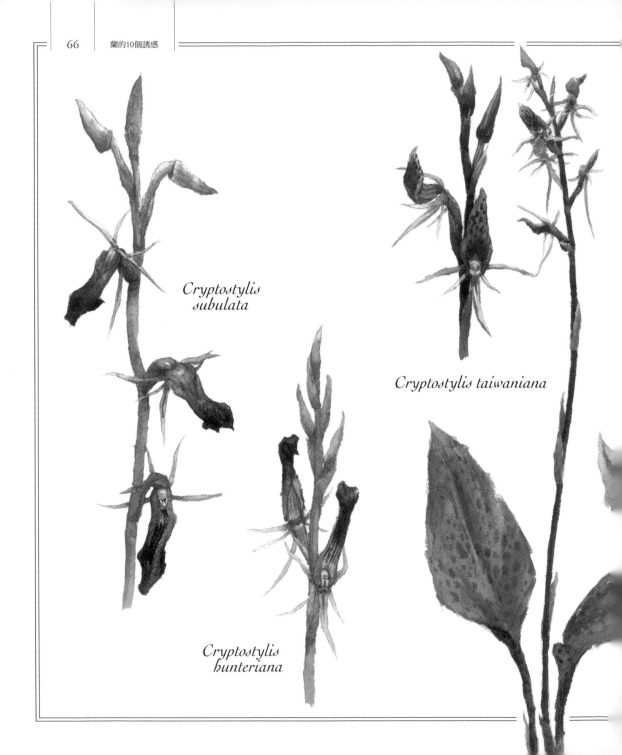

Cryptostylis subulata

Cryptostylis taiwaniana

Cryptostylis hunteriana

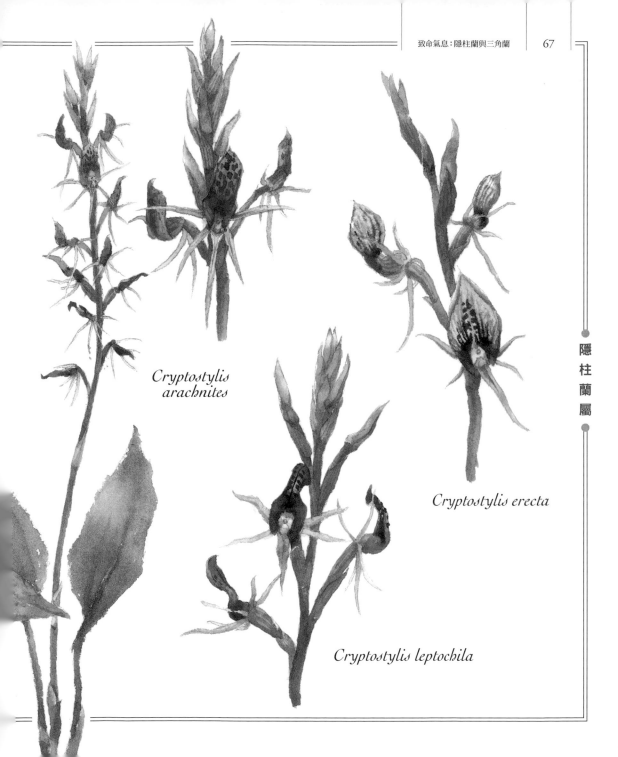

Cryptostylis
arachnites

Cryptostylis erecta

Cryptostylis leptochila

準備好今晚的約會了嗎？別忘了出門前擦點香水！

Stanhopea

& Coryanthes

魅 惑 體 香 奇唇蘭與吊桶蘭

當你漫步於中南美洲的森林裡，或許會瞥見一抹金屬光澤從你眼前掠過，原來是某種閃耀虹彩的昆蟲不停在這中高海拔的霧林帶穿梭。你可能會想，是不是某種甲蟲？又或許是蝴蝶鱗片的反光？但留神一看，你會發現那是美得像寶石一般的長舌蜂（Euglossine bees）。

這些長舌蜂為何看起來這麼忙碌呢？循著這炫目的金屬光澤向前尋找，在密布蘚苔的樹幹上，抬頭可望見一朵朵奇唇蘭（Stanhopea），如拳頭般大小正盛開著。它那濃郁的香味瀰漫在空氣中，只見長舌蜂一隻隻趴伏在花朵上。但奇怪的是，奇唇蘭的花朵既沒有甜滋滋的花蜜，也沒有可供食用的花粉，這些長舌蜂究竟是為了什麼而來？

免費香水供應者

在科學家的研究下，指出這些長舌

斑花奇唇蘭
（*Stanhopea maculosa*）

雄長舌蜂正刮取奇唇蘭唇瓣的臘質表面。

蜂皆為雄性，並且發現他們的前肢有著類似刮刀般的特殊構造。當他們趴伏在花上時，會不斷以前肢的刮刀構造反覆刮取蠟質的花瓣。花瓣上分布著許多能分泌氣味分子的腺體，又稱為泌味器（Osmorphore）。每刮取一段時間，這些雄長舌蜂就會把這些刮取到的氣味物質塗抹在身上，或是儲存在後肢上一個特化凹槽中。

深色虎斑奇唇蘭
（*Stanhopea tigrina var. nigroviolacea*）
奇唇蘭的花色變化多樣，但花型大多相似，
其唇瓣與蕊柱間會構成一個中空通道。

虎斑奇唇蘭
（*Stanhopea tigrina*）
奇唇蘭開花時花莖會由樹上向下垂，
是非常特殊的開花習性，花朵大型但壽命極短。

　　經過氣味的分析，科學家發現這些從奇唇蘭花朵上刮取下來的物質會散發出一種與昆蟲費洛蒙非常相似的氣味組成，而這些氣味能夠協助雄長舌蜂成功吸引到雌長舌蜂的注意，因此，奇唇蘭與長舌蜂在長時間的共同演化之下，形成了相互依存的緊密關係。

　　但是，雄長舌蜂絲毫不知，在自己塗抹香水的過程中，已經悄悄的為奇唇蘭傳遞花粉塊，完成終身大事了。

　　怎麼說呢？奇唇蘭的花朵中，蕊柱向前延伸與唇瓣相對，唇瓣又因為型態特殊可再細分為上唇（Epichile）、中唇（Mesochile）、下唇（Hypochile）。其中，最深處的下唇分布著最密集的泌味器。當雄長舌蜂受到氣味的吸引前來，往往會直奔下唇刮取氣味，但此處又因為是光滑的蠟質表面，常使得雄長舌蜂不經意的往上唇的位置滑去，再加上唇瓣兩側特殊的角狀裂片（Horn），更順勢導引雄長舌蜂往蕊柱與上唇位置移動。在蕊柱與唇瓣所形成的狹窄空間中，翅膀較不易順利展開，所以雄長舌蜂會不斷往下滑落、一路掙扎、背部不斷推擠蕊柱，就在這種情況下，花粉塊順勢黏附在長舌蜂背部，等到這隻雄長舌蜂又飛去另一朵奇唇蘭的花上塗抹香水，這花粉塊就會循著一樣的過程傳遞到柱頭上，完成重要的授粉工作。

迷人香氣來自吊桶蓋

在相近的生育環境下，演化的力量驅使許多不同種類的蘭花走向類似的演化路徑，這也就是所謂的趨同演化（Convergent Evolution）。同樣的蠟質

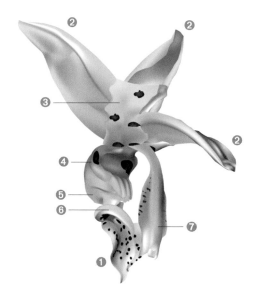

奇唇蘭的花朵構造圖

❶ 上唇　　❺ 中唇
❷ 萼片　　❻ 角狀裂片
❸ 花瓣　　❼ 蕊柱
❹ 下唇

花瓣、同樣的迷人氣味也出現於吊桶蘭屬（Coryanthes）的蘭花中。

對於這些雄長舌蜂而言，吊桶蘭也同樣具有高度吸引力，而令人歎為觀止的是吊桶蘭花部更為精密的設計。這樣獨特的花部構造，包準你看到後只會冒出一項疑問：「這是蘭花嗎？」

奇唇蘭授粉方式

❶ 雄長舌蜂受氣味吸引前來，直奔下唇刮取氣味物質。

❷ 下唇表面太過光滑，雄長舌蜂會不小心跌落，滑向上唇。而中唇處的角狀裂片會將牠導引至上唇與蕊柱間的狹窄空間，使牠背部順勢碰到蕊柱上的花粉塊。

❸ 雄長舌蜂的背部黏附到花粉塊，飛往下一朵花，再循此過程完成授粉。

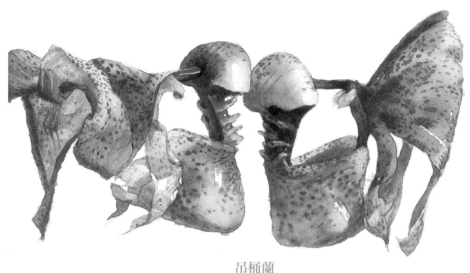

吊桶蘭
(*Coryanthes cataniapoensis*)

吊桶蘭的唇瓣上唇變成水桶，除了香氣誘蟲外，
水桶在授粉過程中也是關鍵。

　　與奇唇蘭唇瓣一樣，吊桶蘭的唇瓣也分為上唇、中唇、下唇。吊桶蘭的唇瓣透過一個爪狀或把手狀構造（Claw）與花的基部相連，下唇特化成一個大型帽狀的構造，上面密布著許多的泌味器；往下連接著延長的中唇，最後則是其特化成巨大桶狀的上唇，而水桶底部末段正好對著雄雌蕊所在的蕊柱。這結構讓整朵花的外型像極了一個吊在半空中的水桶。

　　說到水桶，這也是吊桶蘭的另一項祕密武器，這個桶子還真的是拿來裝水的。裝什麼水呢？在蕊柱基部、也就是剛才所提到的爪狀構造附近，有兩個突出的小犄角，這兩個突起的構造會不斷分泌出水，於是，水就一滴滴的滴入桶子內。

　　你可能想像不到這樣裝著水的小水桶

有什麼作用，但其實在此複雜的構造背後蘊含了令人讚賞的機密設計。

小心那個水桶！

故事的開頭和奇唇蘭相當類似。閃耀著金屬光澤的雄長舌蜂被香水氣味吸引，來到蠟質的花瓣上。此時的花瓣成了水桶，雄長舌蜂在水桶邊緣貪婪的刮取氣味分子，但蠟質外表讓雄長舌蜂爬行在上常常不經意打滑，一個失足便墜入裝滿水的桶子內。突來的驚慌讓雄長舌蜂拚命掙扎，但兩側的水桶壁也光滑到找不著任何支撐點。牠的六隻腳無助的划動，這樣掙扎的過程也使牠的兩對翅膀徹底被水沾溼。

無法飛行也無法爬上光滑水桶壁的雄長舌蜂，難道性命就要葬送於此？吊桶蘭會不會是另類的食蟲植物？

手足無措的雄長舌蜂還是不斷掙扎，划動雙腳。突然間，牠發現在水桶底部的末端有個小小不起眼的開口，難道這就是活下去的出路？雄長舌蜂拚了命往那道出口爬去，但是這個出口非常狹窄，上面還頂著個奇怪的東西。為了生存，雄長舌蜂只好賣力將龐大的身軀往這個求生的小縫鑽，用盡了力氣才好不容易將頭鑽出去。一看到外頭自由的世界，雄長舌蜂更加努力的蠕動身軀。在這樣激烈的脫逃過程中，小縫上突出的物體一直被雄長舌蜂的胸部與腹部背側擠壓摩擦。

猜猜看，這個突出的物體是什麼？剛才不是才說到水桶底部的末端正對著一個非常重要的構造嗎？

「蕊柱」，如果你的腦海裡閃過這兩個字，恭喜你，你徹底了解了這個演化萬年的精密機制。

這個逃生小縫的開口上方就是蕊柱的位置。當雄長舌蜂努力往外鑽出時，身體背側不斷的與蕊柱摩擦，在恰當的時機與角度下，藥帽被撞開，裡頭蓄勢待發的花粉塊就不偏不倚的掉落在牠胸部的背側上。

閃耀著鮮黃光澤的花粉塊說明了這一切設計的價值，也證實了吊桶蘭在生殖方面的成功。未來，只需要期待一件事，這隻帶著花粉塊的雄長舌蜂離開後能重蹈覆轍，再摔入另一個水桶中，循著相同路徑將花粉塊送到另一朵吊桶蘭的蕊柱上。

吊桶蘭授粉方式

① 雄長舌蜂受吊桶蘭氣味吸引而接近。

④ 雄長舌蜂攀附到水桶底部一個小突起，並發現不遠處有個小小不起眼的開口。

② 雄長舌蜂鑽入水桶狀唇瓣基部的帽狀構造，貪婪的刮取氣味。

⑤ 雄長舌蜂拚命往出口鑽，在牠努力逃出的過程中，身體背側會將藥帽撞開，裡頭的花粉塊順勢黏附到胸部背側。

③ 唇瓣的光滑蠟質表面讓雄長舌蜂不小心打滑，墜入裝水的筒狀唇瓣內。突發狀況讓長舌蜂心慌的拚命掙扎，過程中翅膀被水打溼，無法飛行。

⑥ 鑽出來的雄長舌蜂，這時翅膀也乾了，於是帶著花粉塊離開。

Stanhopea maculosa

Cirrhaea dependens

Stanhopea wardii

Coryanthes cataniapoensis

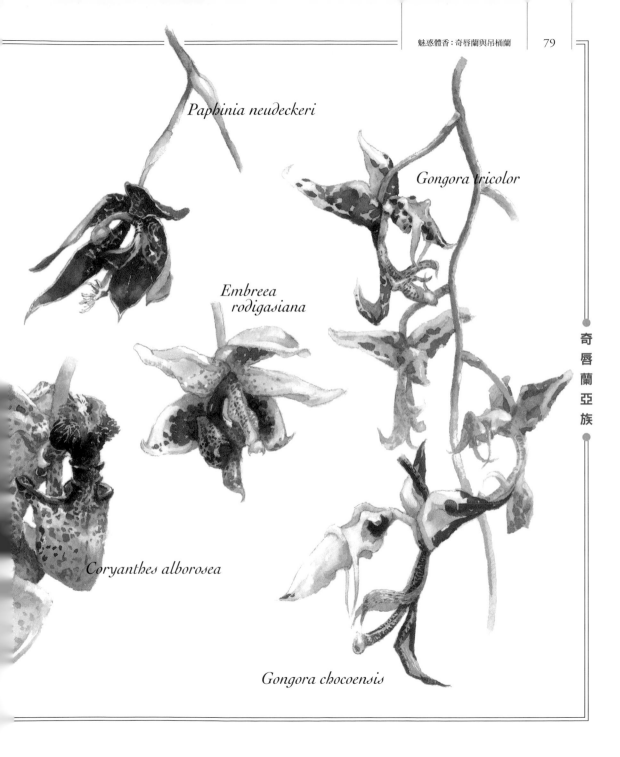

Paphinia neudeckeri

Gongora tricolor

Embreea rodigasiana

Coryanthes alborosea

Gongora chocoensis

帶不走的真愛，帶得走的花粉塊……

Drakea &
替身舞伴 椰頭蘭與飛鴨蘭
Caleana

在漆黑平靜的地底土壤層中，突然出現一股騷動。一隻雌寄生蜂在土壤中貪婪的尋找他的獵物。

突然間，雌寄生蜂像是聞到了某個重要的味道，六隻腳激動的往前撥，開始往某一方向鑽去。隨著氣味越加濃厚，雌寄生蜂彷彿受到鼓舞般越鑽越快。就在那瞬間，一隻肥壯的金龜子幼蟲出現在眼前，雌寄生蜂緩緩伸出腹部末端的產卵管，就像享用大餐之前人類拿著刀叉的模樣，然後在金龜子的痛楚之下，產卵管緩緩插入幼蟲體內，誕生了一個個雌寄生蜂世代的希望，一個個寄生蜂交尾後愛的結晶。

這個愛情故事發展的開端，源自於一隻隻雄寄生蜂打破冬眠後的甦醒。從土壤中鑽出的雄寄生蜂，在空中尋找雌寄生蜂的蹤影，此時的雌寄生蜂才悄悄從土壤中醒來。

特別的是，不像雄寄生蜂一樣能在天空中翱翔，雌寄生蜂天生沒有翅膀，所以鑽出土壤的牠，為了找到心儀的另一半，必須爬到附近矮草的頂端。

一切就緒的雌蜂開始用後腳來回搓揉腹部，散發出令雄蜂難以抗拒的性費洛蒙。在男女比例嚴重失衡的寄生蜂社會，可能同時會有多達五、六隻以上的雄寄生蜂蜂湧而至，爭取與雌蜂交尾的機會。

每隻雄寄生蜂只要在空中一鎖定雌寄生蜂的位置，便會飛奔過去，趕緊用六隻腳抱住雌蜂，一邊交尾、一邊飛往沒人打擾的產卵所。

在這個產卵所附近，通常會有著許多山龍眼科的植物，雄寄生蜂會將胃中的花蜜反芻給雌寄生蜂食用。等到補充了足夠的營養後，身懷六甲的雌寄生蜂就會回到土壤中，尋找土壤中金龜子的幼蟲，讓自己的孩子未來在發育的路上能無後顧之憂。

寄生蜂的愛情陷阱

故事聽起來像是再簡單不過的昆蟲生活史，殊不知，演化的力量總讓人萬分驚歎。在澳洲的草地上，槌頭蘭屬（*Drakaea*）的蘭花正挑戰著各位對於蘭花花部外型變化的極限。

以前蘭花構造中最美麗的唇瓣，在槌頭蘭身上竟特化成一個散發著藍紫色光澤、充滿疣粒及少許剛毛的構造，並透過一個唇瓣柄（Labellum stalk）與蕊柱基部的延伸（Column foot）以類似關節的方式相互連接。從旁一看，就像是一隻雌寄生蜂趴伏在矮草頂端。更特別的是，這個連接唇瓣的關節只能朝上方彎曲，當唇瓣向上彎曲時，另外一邊所相對應的，便是最重要的蕊柱。因此，整個故事從單純的昆蟲生活史，轉變成爾虞我詐的授粉陷阱。

這個陷阱開始於那貌似雌寄生蜂的唇瓣，除了外型之外，學者還發現槌頭蘭

能夠自由飛翔的雄寄生蜂（上）與不具翅膀的雌寄生蜂（下）的外部型態。雌寄生蜂趴伏在矮草時的外型與槌頭蘭（右）極為相似。

會散發出某種氣味，這種氣味竟然和雌寄生蜂的性費洛蒙有著非常相似的化學組成。

在外型及氣味的高度模擬下，雄寄生蜂便毫無招架的落入這完美的陷阱，循著古老的迎娶儀式，六隻腳緊緊抓住唇

榔頭蘭授粉方式

❶ 雄寄生蜂受榔頭蘭
外型與氣味雙重吸
引而飛來。

❷ 雄寄生蜂六隻腳緊緊抓住
榔頭蘭的唇瓣，想趕緊帶
它離開。但這個假的雌寄
生蜂不動如山。

❸ 雄寄生蜂想奮力一搏，賣
力將唇瓣拉起時，唇瓣基
部的關節發揮了作用。

❹ 關節藉由雄寄生蜂向上拉的
力量，順勢將唇瓣連同雄蜂
一起甩到對面的蕊柱上。背
部還緊壓在蕊柱和藥帽。

❺ 受到驚嚇的雄寄生蜂在一
陣掙扎後只好放棄，卻成
功的移除藥帽，帶走了其
中的花粉塊。

瓣，想趕緊帶著它奔向早就布置好的新房（產卵所）。

但不曉得為什麼，不管牠六隻腳抓得再緊，翅膀拍動得再用力，這個雌寄生蜂好像不動如山。雄寄生蜂還摸不著頭緒，想要奮力一搏，努力將雌蜂拉起時，剛才說的關節便發揮了作用，藉由雄寄生蜂努力向上拉的力量，順勢將唇瓣連同雄寄生蜂一起甩到對面的蕊柱上。雄寄生蜂還在不明就理時，自己已經狠狠被甩到蕊柱上，背部還緊緊黏著藥帽。一陣匆忙的掙脫下，只好選擇放棄，雄寄生蜂眼睜睜的將自己的真愛留在原地，唯一帶走的是留在雙翅之間的花粉塊。

飛鴨蘭的高段陷阱

當我們還在驚訝槌頭蘭詭異的花形以及不可思議的授粉機制時，在澳洲的另一片草皮上，已經有另外一種蘭花在相似的生存壓力下，演化出和槌頭蘭極為相似卻又完全相反的生殖機制。

這似乎聽起來有些矛盾。但沒想到這樣的矛盾在飛鴨蘭（*Caleana major*）身上，竟是如此巧妙運作。

所謂的相似，指的就是它與槌頭蘭一樣，同樣具有特化成雌寄生蜂外型的唇瓣，也同樣具有能分泌類似雌寄生蜂費洛蒙的腺體，此外，當然少不了特化的可動關節。這些特徵果然都能成功吸引寄生蜂前來做為傳粉媒介。

那究竟什麼是相反的生殖機制呢？這裡指的是方向上的相反。

透過下頁的槌頭蘭和飛鴨蘭花部外型示意圖，我們可以發現槌頭蘭的蕊柱與唇瓣兩者面對面挺立著，就像是一個英文字母V字的兩端，但是相對來看，飛鴨蘭的蕊柱與唇瓣所形成的V字卻直接九十度的旋轉過來，蕊柱變成在下方等待，唇瓣變成在上方吸引。

椰頭蘭
(*Drakaea glyptodon*)

小鴨蘭
(*Paracaleana minor*)

飛鴨蘭
(*Caleana major*)

椰頭蘭的蕊柱與藍紫色唇瓣呈V字形相對，蕊柱在上，唇瓣在下；而在飛鴨蘭的鴨子花型中，鴨頭是唇瓣位置，蕊柱則在鴨身處，位於下方。型態類似的小鴨蘭雖不同屬，但授粉機制與飛鴨蘭相同。

　　椰頭蘭的蕊柱與藍紫色唇瓣呈V字形；飛鴨蘭的鴨子花型中，鴨頭是唇瓣位置，蕊柱則在鴨身處，位於下方。型態類似的小鴨蘭雖不同屬，但授粉機制與飛鴨蘭相同。

　　但這似乎不是很合理，因為根據椰頭蘭的授粉機制，雄寄生蜂被吸引過來後，會先跟唇瓣進行假交配，然後就用六隻腳抱著唇瓣向上飛離。根據這樣的機制，如果蕊柱跑到下方，這樣雄寄生蜂豈不是永遠都遇不到蕊柱了嗎？那又該如何傳遞花粉塊呢？如果要讓寄生蜂往下撞到蕊柱，那麼唇瓣勢必要朝下運動囉。

其實，在飛鴨蘭的關節處有著與槌頭蘭不同的設計，此處的關節受到刺激觸發會向下移動。因此，當唇瓣受到雄寄生蜂擾動時，關節會被觸發，使得唇瓣順勢向下將雄寄生蜂往蕊柱的方向推過去。但是如果它像槌頭蘭那樣蕊柱細長，被往下推動的雄寄生蜂只要稍微振翅就可以飛離現場，不會在蕊柱上停留太久，這樣成功帶走花粉塊的機會顯然會大幅降低。

所以飛鴨蘭屬的植物為了延長雄寄生蜂在蕊柱上停留的時間，蕊柱兩側各演化出一個寬大的翼狀構造，相互圍出一個有如吊床的碗形，因此當唇瓣向下甩動時，就能不偏不倚將雄寄生蜂壓在這個碗狀構造內。兩側的翼狀物完整包覆住雄寄生蜂所有可能的去路，於是雄寄生蜂只能在原地不斷掙扎。就是靠著這掙扎的過程中，才能將藥帽順利擠開，將花粉塊黏附到身上。

然而，如果唇瓣就這樣一直壓著雄寄生蜂，似乎也不是件好事，雄寄生蜂可能會因為無法逃離而死亡。於是，這個已經下壓的唇瓣在經過十至二十分鐘後就會慢慢回復到原先的位置，釋放掉被壓迫在其下的雄寄生蜂，使他能帶著花粉塊前往下一朵飛鴨蘭，完成授粉的重大工作。

而它們為什麼要叫做飛鴨蘭呢？很簡單，因為它的外型像極了一隻鴨子。其中，模擬雌寄生蜂的唇瓣像是鴨子的頭一樣高高的昂首，下方的蕊柱以及寬大的蕊柱翼所圍成的碗狀構造形成鴨子的身體。當雄寄生蜂飛到鴨頭上與鴨頭

假交配時，震動觸發了關節的作用，鴨
頭像是用力叩頭一般往身體的方向甩過
去，將雄寄生蜂緊緊壓在鴨子身體內，
等到鴨頭回復原位後，雄寄生蜂才能帶
著花粉塊離開。

　　這也就是飛鴨蘭那與槲頭蘭相同卻又
相反的生殖機制。鴨子頭在一次次低頭
與抬頭間，創造了無限永續的生命。

飛鴨蘭授粉方式

① 雄寄生蜂受到氣味吸引飛近飛鴨蘭。

④ 雄寄生蜂往蕊柱方向滑落。

② 雄寄生蜂停在唇瓣上與唇瓣進行交配。

⑤ 唇瓣回彈向蕊柱，將寄生蜂壓在蕊柱上。

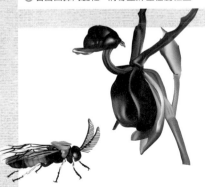

③ 因雄寄生蜂重量轉移，使唇瓣向下彎，將牠帶往蕊柱的位置。

⑥ 在掙扎過程中，雄寄生蜂將蕊柱的藥帽擠落，使花粉塊黏附在頭部或背部。

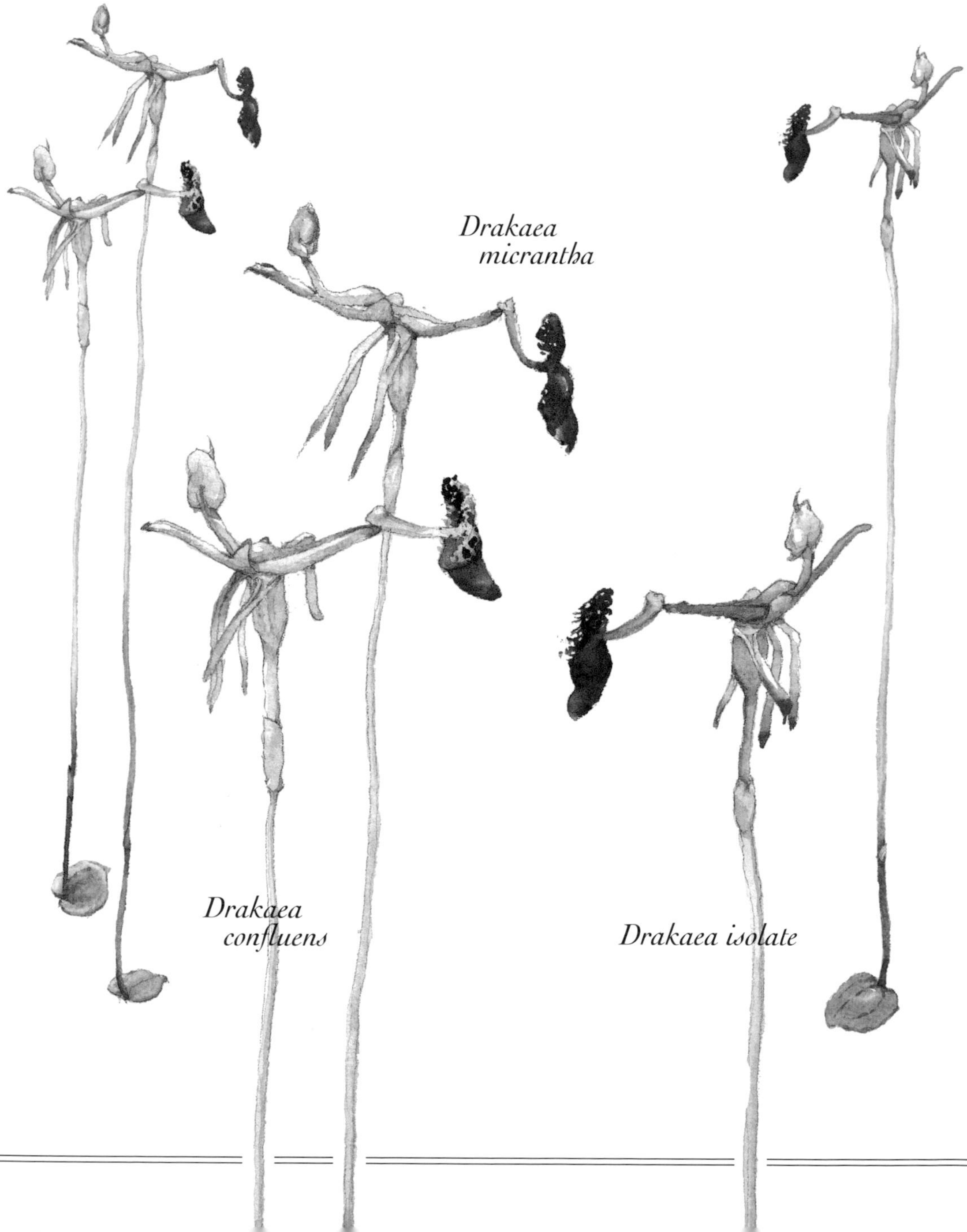

Drakaea
micrantha

Drakaea
confluens

Drakaea isolate

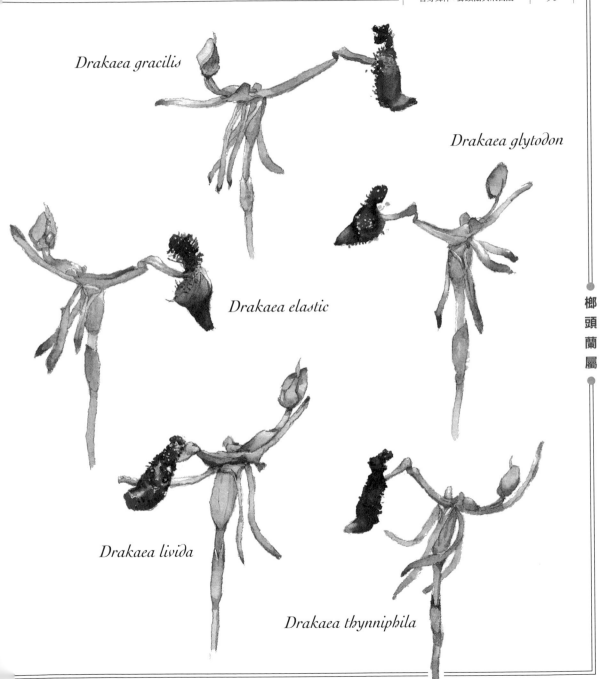

Drakaea gracilis

Drakaea glytodon

Drakaea elastic

Drakaea livida

Drakaea thynniphila

就是等著你，開門進入這個牢籠……

Pterostylis &

Gastrodia

慾望之扉 雙鬚蘭與赤箭

熟悉了榔頭蘭和隱柱蘭的後宮心機後，我們可以發現在澳洲地區，蘭花們演化出了一套非常熟稔的詐騙技巧。它們利用模擬雌性授粉昆蟲的美人計，成功欺騙了無數的寄生蜂及黃蜂，讓牠們成為無償載運花粉塊的冤大頭。長期的演化過程中，它們欺騙的對象也從那些體型大的寄生蜂及黃蜂，向下拓展到那些體型比米粒還小的蕈蠅。但這麼小的授粉昆蟲究竟是如何協助傳播花粉呢？蘭花又演化出什麼樣的特殊機制來因應？

帽子不是帽子，是牢房

故事來到了澳洲及紐西蘭地區，在每年冬季至春季交會時，廣大的草地上總是會冒出一株一株嫩綠的雙鬚蘭（*Pterostylis*）。株高大約只有20公分的雙鬚蘭，若沒有特別注意，很容易被忽略，有趣的是，這麼小巧的蘭花卻隱

綠帽雙鬚蘭
（*Pterostylis nutans*）
雙鬚蘭的兩片側瓣及頂端萼片聚集成如連帽外套的特殊造型。

藏著一間活動式小牢房，讓每一隻在附近飛行的蕈蠅都淪為它的階下囚。

雙鬚蘭的花部構造相當特殊，兩片側瓣及頂端的萼片聚集形成一件有如連帽外套的構造，因此這種蘭花俗稱綠帽蘭（Greenhood Orchids）。這構造在生物學上稱為盔瓣（Galea），這樣的帽狀構造形成了小牢房的主體。問題是，昆蟲要如何被關進這間小牢房中？回想一下在警匪電影中，勢必有一位警察將犯人送入牢中，並將門關上，那麼在雙鬚蘭中，又是誰來關上這扇牢房的門？

剛才所說的帽狀構造，加上兩側各一枚相對的側萼片，這兩部分形成了牢房的主要結構。那麼牢房的門呢？仔細觀察可以發現帽子裡面有一片唇瓣，看起來最符合門應該有的樣子。但是平常看起來都開放著，感覺授粉昆蟲可以在裡頭自由進出，似乎沒辦法達到監禁昆蟲的功用。

正當科學家疑惑的同時，一隻蕈蠅悄悄接近了雙鬚蘭的唇瓣，盤旋一陣子後就停在唇瓣上。說時遲那時快，一個眨眼的瞬間，唇瓣竟然快速向上往綠帽移動，將蕈蠅監禁在唇瓣與蕊柱的小空間中，就像食蟲植物那樣快將昆蟲吞噬進去的模樣。本來以為蕈蠅可以輕鬆的找到兩者接觸的縫隙逃脫，但仔細一看，蕊柱向兩旁延伸出一種翼狀構造（Column Wing），這個翼狀構造竟然能與唇瓣完全密合，沒有任何一點縫隙，所以慌張的蕈蠅只能另謀他路。

尋覓了一陣子，蕈蠅在牢房遠處似乎發現了一個開口。沒錯，這就是唯一能夠逃離的出口，而且這個出口是由蕊柱與翼狀構造圍成的管狀通道。也就是說，蕈蠅通過這個通道的時候，一定得經過蕊柱，所以在離開的過程中勢必會擠壓到藥帽，使藏於其中的花粉塊掉出來黏附在蕈蠅背上。

可是如果像其他的蘭花那樣將花粉塊一鼓作氣黏在授粉昆蟲身上，可能會使體型嬌小的蕈蠅承受不住重量，造成花粉傳遞的困難，於是在演化過程中，雙鬚蘭也發展出一個特殊策略——不會一次將四個花粉塊釋放出來。科學家在反覆測試以及野外實際觀察後，發現它大約一次只會釋放出一至兩個花粉塊。這種不完全釋放花粉塊的狀況，也是蘭花界相當罕見的案例，藉此也可以了解到雙鬚蘭在蕈蠅授粉上做出的適應。

牢房偽裝成一個家

就算雙鬚蘭擁有能夠監禁蕈蠅的牢房，但究竟為什麼會吸引到蕈蠅進門呢？在澳洲的其他蘭花中，我們似乎已經找到了答案。澳洲的隱柱蘭及榔頭蘭都利用模擬雌性昆蟲的氣味在遠距離吸引授粉昆蟲，甚至進行假交配，而雙鬚蘭也同樣具備類似的能力。

在雙鬚蘭唇瓣上，有個向外突起的附屬物，這個附屬物上有許多能散發類似雌性昆蟲費洛蒙氣味的泌味器，於是雄蕈蠅就毫無招架能力的往唇瓣飛去。再加上有些種類的雙鬚蘭綠帽上有縱列的深色條紋，由下往上看，陽光會從深色的條紋間透出來，形成一個在生物學上稱之為窗戶（Window pane）的構造。這樣的構造其實是在模擬蕈蠅的生育地，因為擔子菌綱蕈類的蕈褶在陽光下就會有如此景象。

整個故事就是這樣，雙鬚蘭模擬出蕈類存在的環境，加上誘人氣味一步步挑逗著雄蕈蠅體內的慾望，於是降落在唇瓣上的雄蕈蠅，瘋狂的與唇瓣上的附屬物進行假交配。過程中，震動力與蕈蠅體重在唇瓣上的壓力使唇瓣基部一個關節的構造（Claw Hinge）產生動作，讓唇瓣向上閉合。

夠機警的蕈蠅或許還能趁唇瓣沒關閉

雙鬚蘭授粉方式

① 雄蕈蠅受氣味吸引，悄悄接近唇瓣，並與唇瓣上的附屬物進行假交配。

③ 蕊柱向兩旁延伸出翼狀構造，被囚禁的蕈蠅只能此構造與蕊柱形成的管狀通道前進。

② 因為震動與體重在唇瓣上造成壓力，使唇瓣基部關節產生作用，向上閉合，將蕈蠅監禁在蕊柱與唇瓣間的小空間。

④ 蕈蠅離開通道前，背部會擠壓到藥帽，藏於其中的花粉塊會順勢黏附在蕈蠅背上，被帶去下一朵花中。

前趕緊飛離，但那些沉浸於交配喜悅的蕈蠅就沒那麼幸運了。牠們還沒搞清楚發生了什麼事，就被關進牢房中。在驚慌失措的情況下，牠們只能四處尋找可能的出路，於是順著蕊柱及翼狀構造的導引找到出口。在鑽出的過程中，牠順勢帶走一、兩塊花粉塊，等到再被下一株雙鬚蘭監禁時，花粉塊就能再度被帶到柱頭上，完成一次成功的授粉。

或許有人會問，那這個自動關上的牢門會再打開嗎？科學家實驗後發現，多數雙鬚蘭都能在一至兩個小時後重新開啟，並且能重新感受壓力及震動的刺激再次關上。在這段唇瓣緊閉的時間，就能成功避免剛黏附到花粉塊的蕈蠅重複進入同一朵花中，造成自花授粉的現象，也才能增加遺傳上的多樣性。

因此在雙鬚蘭身上，我們看到了許多授粉機制的集大成，從生育地的模擬、假交配的誘因、可動式的唇瓣、陷阱的導引、花粉塊的移除，都可以發現雙鬚蘭在演化上的精巧與細膩。

牢房不只一種

這樣可被觸動的關節構造，不僅在澳洲的雙鬚蘭中可以發現，同樣也可見於赤箭屬（*Gastrodia*）的蘭花中。赤箭分布於中非、亞洲至大洋洲地區，有別於先前介紹過的其他種類，它是一種無葉綠素的蘭花，透過與真菌共生獲得所需養分。赤箭只會在開花季節從地面上伸出一支支直立花莖，大多數種類花莖極短，花看起來都非常貼近地面，且花色多半與腐植質顏色相近。

伴隨著如此不顯眼的外型，對人類來說，光是發現它都很困難，更何況是詳實的研究它。然而，對於授粉昆蟲而言，赤箭就和雙鬚蘭一樣有著無法抗拒的吸引力。

雙鬚蘭是以模擬雌蕈蠅費洛蒙的氣

無蕊喙赤箭
（*Gastrodia appendiculata*）

赤箭的花莖很短，花朵看起來像貼在地面生長，後為結果抽高的果莢。

味吸引少不經事的雄蕈蠅前來進行假交配；而在赤箭屬之中，有些種類會散發出一種與水果發酵相同化學組成的氣味，因此能吸引小型果蠅的青睞。除了吸引果蠅之外，有些赤箭的唇瓣基部會分泌花蜜，有些則是會在唇瓣上分布所謂假花粉的構造（一種富含蛋白質、脂質、澱粉成分的毛細胞），因此可以吸引小型蠅類前來。

　　不論是發酵水果的氣味，還是食物資源的回饋，小型授粉昆蟲降落在赤箭花朵上，因為唇瓣受到震動的刺激而上演相同的戲碼。赤箭唇瓣基部的關節受到觸發後使唇瓣向上閉合，僅留下蕊柱與唇瓣間的細微小縫。授粉昆蟲為了逃脫，只能沿著這樣的小縫向外掙脫，在過程中就會觸碰到藥帽，使花粉掉落並黏附在授粉昆蟲背側。根據科學家的觀察紀錄，某些種類的唇瓣大約會在八分鐘內重新回復到原先開展的位置，準備

赤箭授粉方式

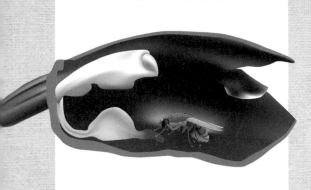

① 發酵氣味、花蜜或是假花粉吸引果蠅進入赤箭花中。

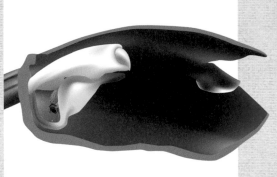

② 當果蠅爬上赤箭的唇瓣，觸發唇瓣基部的關節，使唇瓣往蕊柱方向閉合，將果蠅困在唇瓣與蕊柱所圍成的小空間中。

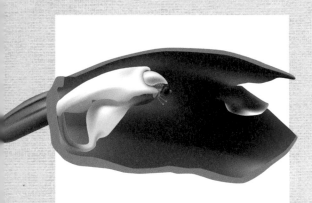

③ 被困住的果蠅試圖鑽出蕊柱與閉合唇瓣形成的小縫，擠壓的過程中，果蠅的背部會將蕊柱上的藥帽推開，花粉塊也順勢黏附到果蠅的背上。

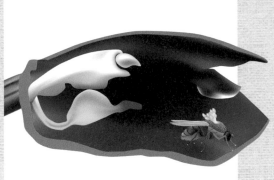

④ 脫困的果蠅帶著花粉塊離開，到下一朵花中完成授粉任務。

迎接下一隻接受短期監禁的授粉者。

　　但隨著演化的力量往不同的方向開展，在赤箭屬的蘭花之中，有多數種類轉變為自花授粉的形式，意思就是不需要授粉者便可以完成授粉。這類的赤箭在花苞尚未開放且維持直立型態的時間點上，花粉塊就可以隨重力作用向下掉落，黏附在蕊柱基部柱頭的黏液上。為了能讓花粉塊順利掉落，原先位於蕊柱中央的蕊喙（用來隔開花藥及柱頭的突起物）會變得較小甚至完全消失，這樣可以避免干擾花粉掉落。因此在花朵開放前，花粉就已經能夠順利到達柱頭，使得這類赤箭在野外幾乎都有超過七成以上的結實成功率。

　　或許對人類而言，赤箭不顯眼的花形花色使它常常被忽略，但是從生殖的角度來看，赤箭特殊的模式，卻成功奠定了它在生殖成功上不朽的地位。

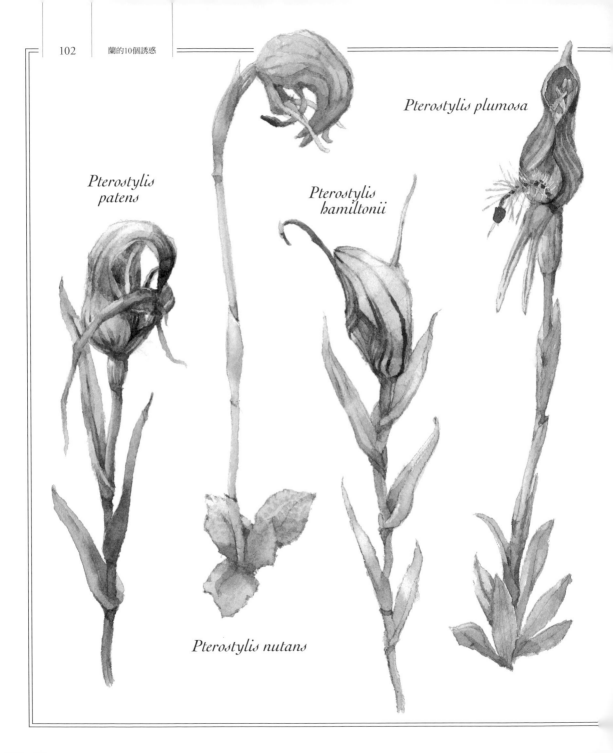

Pterostylis plumosa

Pterostylis patens

Pterostylis hamiltonii

Pterostylis nutans

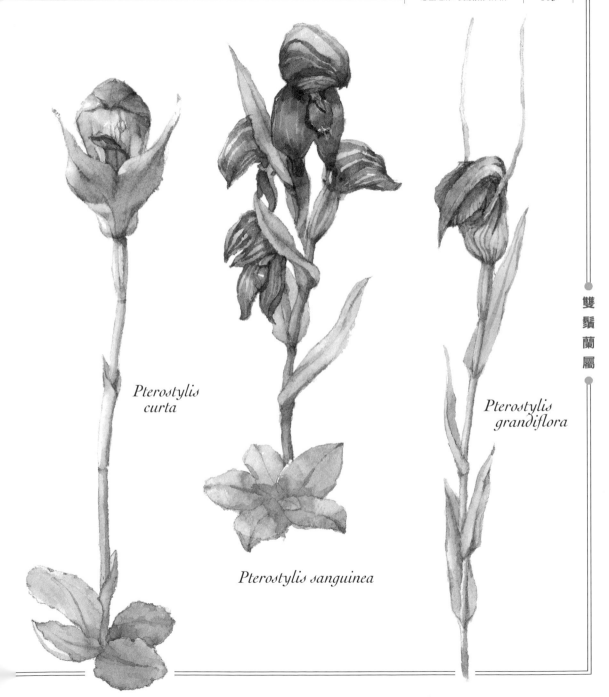

Pterostylis curta

Pterostylis sanguinea

Pterostylis grandiflora

雙 鬚 蘭 屬

Gastrodia peichiatieniana

Gastrodia flavilabiata

Gastrodia clausa

Gastrodia pubilabiata

Gastrodia fontinalis

Gastrodia gracilis

Gastrodia confusoides

Gastrodia nipponica

Gastrodia uraiensis

赤
箭
屬

一失足成千古「代」……

Bulbophyllum

走在路上，有時腳步踩在不穩的木板或是石塊上，常會一個不小心往前狠狠摔一大跤。而這樣一個看起來簡單、基本的槓桿原理，竟然為豆蘭屬（*Bulbophyllum*）植物成就出無數生殖成功的精采案例。

槓桿原理成就豆蘭大事

廣泛分布於熱帶及副熱帶的豆蘭，是蘭科植物中種類最多的一屬。超過兩千多種豆蘭雖然在外型上有著高度的多樣性，但是在唇瓣構造上，卻共享著一個看似簡單卻又精密的小機關。

豆蘭的唇瓣基部利用一個狹窄的爪狀構造相互鏈接，當唇瓣因為風吹或是有昆蟲在上頭活動使得重心有所轉移時，唇瓣便會因為失去平衡而反覆擺動。若是有體型合適的授粉者恰好停在唇瓣上，且又不小心往前踏一步，在重心轉移的作用下，唇瓣會向上翹起，失足往前摔的授粉者就不偏不倚的往蕊柱的位置撞過去。失去平衡的授粉者為了趕緊回復自己原先的平穩狀態，通常會想要趕緊往後移，在這番掙扎下，牠的頭部與腹部背側便將蕊柱頂端覆蓋住花粉塊的藥帽擠開來，使花粉塊順利掉落並黏附在授粉者身上，達成花粉傳遞的第一任務。等到下一次再失足時，就能成功的將花粉塊送至蕊柱基部的柱頭上，進而完成授粉大事。

但是，是什麼樣的吸引力能讓授粉者乖乖地降落在晃動的唇瓣上呢？這也是豆蘭屬植物高度多樣性的由來。正因為不同的授粉機制，才使得這些豆蘭有著截然不同的外型。

不同的外型源於不同的吸引方式

豆蘭屬依吸引昆蟲方式不同，大致可以分成三大類：

第一類是蠅類的生育地模擬。此類豆

壁虎豆蘭
（*Bulbophyllum putidum*）
構造特別的唇瓣容易讓昆蟲在搖擺中
失足撞向蕊柱。

蘭為了吸引蠅類，會散發出如同腐肉、魚腥般的臭味；再加上褐色、紫色、深紅的色調，以及花瓣上延伸向外的毛絨質感，成功的在氣味、視覺、觸覺上形成良好模擬，讓不知情的蠅類以為這裡是良好的生育場所。當蠅類受騙降落到花朵上四處產卵，就很容易觸動先前所說的翹翹板機制。常見的種類有如 *Bulbophyllum phalaenopsis*、*B. wightii* 及 *B. echinolabium* 等。

第二類是蜜腺及提供食物資源。這類豆蘭通常花色較為鮮豔，且花型較大，在唇瓣的基部可以發現由表皮細胞

豆蘭授粉方式

❶ 授粉昆蟲受到氣味的吸引，接近豆蘭的唇瓣，並且朝著唇瓣的基部爬行移動。

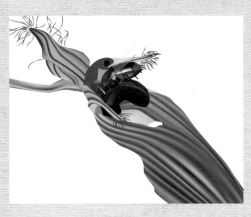

❷ 因為重心的轉移，豆蘭的唇瓣突然向上翹起，將授粉昆蟲往蕊柱的位置拋過去。

❸ 授粉昆蟲在掙扎脫困的過程中，頭部或背部會沾黏上花粉塊。之後帶著花粉塊飛離。等到牠再一次於另一朵豆蘭的唇瓣上失足，就能成功完成授粉任務。

聚集特化所形成的蜜腔，有些種類則是會分泌油脂，提供授粉昆蟲重要的能量來源，再搭配唇瓣上密布泌味器的瘤突，會使授粉昆蟲不斷被吸引往唇瓣基部走，踏上協助花粉傳播的路途。常見的種類如*Bulbophyllum lobbii*和*B. longiflorum*。

第三類則是豆蘭屬植物中最神祕也最令人驚奇的一群。這類豆蘭的授粉相關機制至今尚未有相關的野外研究證實，只知道這類型的花，它們的花瓣尖端有特化的的附屬物，像是許多垂掛的毛刷、兩顆毛茸茸的彩球，或是像一排懸掛的燈籠。這些構造在微風吹拂下會不斷晃動。但是詳細的吸引機制還有待科學家的探究。目前有些研究指出，這些構造與某些黏菌或真菌的子實體外型相似，有可能是為了吸引這些以真菌為食及在真菌上產卵的蕈蠅前來拜訪，進而協助傳粉。代表性的種類像是*Bulbophyllum macrorhopalon*、*B. nocturnum*、*B. tarantula*、*B. unitubum*。

這三種不同類型的組合，創造出了豆蘭屬植物令人驚豔的高度多樣性，也拓展出蘭花授粉機制的更多可能性。其背後生殖故事的成功都奠基在簡單的翹翹板原理之上。

在人類的世界中，我們會說一失足成千古恨，但在豆蘭的世界當中，我想當牠們一失足，成就的是它們的千古代。

Bulbophyllum echinolabium

Bulbophyllum putidum

Bulbophyllum wightii

Bulbophyllum longiflorum

Bulbophyllum lobbii

Bulbophyllum unitubum

Bulbophyllum nocturnum

Bulbophyllum macrorhopalon

豆蘭屬

扣下板機，三、二、一，擊落目標！

Catasetum

無論是奇唇蘭（*Stanhopea*）或吊桶蘭（*Coryanthes*），長舌蜂總是一次次被這些誘人的香味迷惑。牠們在前肢刮取蠟質的過程中，可能因為掉入陷阱或不慎滑倒，進而觸動到蕊柱前的藥帽，使隱藏在藥帽中的花粉塊黏附在體表。然而，這樣的授粉機制對分布於中、南美洲的瓢唇蘭屬（*Catasetum*）植物，似乎仍嫌不足，它們還想再進一步提升授粉成功的效率，於是，令科學家意想不到的生殖機制演化出來，顛覆了我們對於蘭花的想像。

雌花、雄花，到底開哪種花？！

　　首先，在本書最開頭介紹蘭花基本構造時有提到，蘭花的雄蕊與雌蕊會合成一個稱為蕊柱的構造，因此一朵蘭花上同時具有兩個性別。但是在瓢唇蘭屬植物中，為了提高效率，透過分工合作將花粉塊的給予及接收區隔在不同性別的花上，於是演化出外部特徵完全不同的雄花及雌花，而性別的調控則是取決於

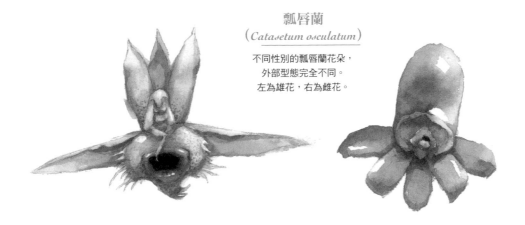

瓢唇蘭
（*Catasetum osculatum*）

不同性別的瓢唇蘭花朵，
外部型態完全不同。
左為雄花，右為雌花。

瓢唇蘭
(*Catasetum tenebrosum*)

不同性別的瓢唇蘭花朵，外部型態完全不同。
左為雄花，右為雌花。

養分、光照、水分等環境因子，因此有時抽出的花梗上開出的是雄花，有時卻開雌花，也會發生雌花和雄花在同一枝花梗上的情況。

剛開始科學家被這種雌雄難辨的狀況搞得昏頭轉向，早期甚至還有科學家將同一種的雄花和雌花分別發表成兩個不同物種。其實，瓢唇蘭屬的植物可以判斷當下的環境因子是否有利於孕育新的子代而開出不同性別的花，節省最多的能量浪費而達到最好的生殖效果，例如較年輕的植株由於無法負荷結果，常常只開出雄花；反之，老熟的植株則經常可開出雌花。

除了性別能隨環境改變之外，瓢唇蘭最令人讚歎的還有那戲劇性的花粉塊傳遞方式。在奇唇蘭或吊桶蘭的機制中，長舌蜂必須透過背部擠壓藥帽使藥帽掉落，花粉塊才有機會黏附在背上，但這樣的方法對瓢唇蘭來說似乎顯得太沒效率，於是，一個像是引線、板機的構造便演化出來了。

無縫接軌的授粉過程

在負責提供花粉塊的雄花身上我們可以發現，蕊柱的基部有兩條延伸出來的觸角狀構造（Antenna）。當長舌蜂停在花上，只要身體的任何一個部位碰到

瓢唇蘭授粉方式

♂

❶ 長舌蜂受瓢唇蘭雄花香味吸引，降落在唇瓣上，往基部爬行時會碰到蕊柱基部延伸出的板機構造。觸發板機後，花粉塊會以極快速度彈出，黏附在長舌蜂背部或腹部（見右頁圖）。

♀

❷ 帶著花粉塊的長舌蜂離開雄花，飛向一朵雌花。

❸ 長舌蜂受氣味吸引，深入雌花帽狀唇瓣的深處。這過程中，背部或腹部的花粉塊恰好與入口處的蕊柱接觸，完成授粉。

❹ 授粉成功後，長舌蜂飛離，去找下一朵花。

長舌蜂身體碰到觸角狀構造，如同扣下板機，花粉塊與藥帽像子彈般極快彈射出來打在長舌蜂身上。

觸角的構造時，便會像是扣下板機的瞬間，花粉塊與藥帽如子彈一般以極快的速度向前彈射出來，直接打在長舌蜂身上。過程中，通常都是長舌蜂的前肢觸碰到觸角狀構造，因此長期演化下，花粉塊射出的距離與掉落的位置多半會精準落在長舌蜂背上，透過花粉塊上黏質盤的黏附，四組花粉塊便掛在背上。

更令人驚豔的是，為了讓長舌蜂能趕快帶著花粉塊飛到雌花上，雄花會在彈射出花粉塊的十五到三十分鐘內，開始改變其香味中的氣味組成分子，讓長舌蜂對這朵花失去興趣，迫使牠趕緊離開，找到下一朵雌花，替瓢唇蘭完成一次精彩的授粉。

瓢唇蘭的授粉過程中，每一個環節都必須搭配得天衣無縫。長舌蜂雖然帶著花粉塊順利來到雌花上，但如何能讓花粉塊成功黏附在柱頭上呢？

如果雌花和雄花的樣子差不多，那麼懸掛在背上的花粉塊將沒辦法碰觸到柱頭。於是我們發現，雄花和雌花的構造幾乎完全不同，以雄花而言，為了要使花粉塊由上往下彈射打到長舌蜂的背部，所以雄花在發育的過程中會轉位，使得唇瓣在下方、蕊柱在上方。但雌花為了要接受懸掛在背部的那些花粉塊，於是在生長的過程中不轉位，使得唇瓣改為在上方並擴大成一個帽狀的構造，蕊柱則在下方等著接收花粉塊。因此，當長舌蜂受到雌花濃郁香味吸引進入雌花，在進出的過程中，背上所懸掛的花粉塊就會不偏不倚的黏附在下方柱頭上，完成這回的授粉大業。

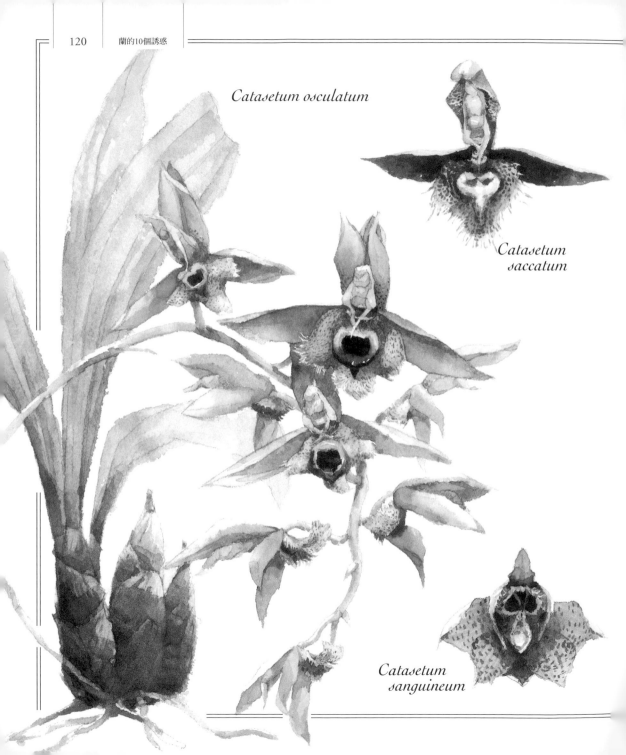

Catasetum osculatum

Catasetum saccatum

Catasetum sanguineum

Catasetum ciliatum

Catasetum tenebrosum

Catasetum barbatum

Catasetum maculatum

Catasetum pileatum

蘭花與昆蟲，故事未完……

參 考 文 獻

Ayasse, M., et al. (2000). "EVOLUTION OF REPRODUCTIVE STRATEGIES IN THE SEXUALLY DECEPTIVE ORCHID OPHRYS SPHEGODES: HOW DOES FLOWER-SPECIFIC VARIATION OF ODOR SIGNALS INFLUENCE REPRODUCTIVE SUCCESS?" Evolution 54(6): 1995-2006.

Bernhardt, P. (1995). "Notes on the anthecology of Pterostylis curta (Orchidaceae)." Cunninghamia 4.

Cingel, N. A. v. d. (2001). An atlas of orchid pollination : America, Africa, Asia and Australia. Rotterdam ;, A.A. Balkema Publishers.

Gaskett, A. C. (2012). "Floral shape mimicry and variation in sexually deceptive orchids with a shared pollinator." Biological Journal of the Linnean Society 106(3): 469-481.

Gerlach, G. (2011). "THE GENUS CORYANTHES: A PARADIGM IN ECOLOGY." Lankesteriana 11(3): 253-264.

Hopper, S. D. and A. P. Brown (2006). "Australias wasp-pollinated flying duck orchids revised (Paracaleana: Orchidaceae)." Australian Systematic Botany 19(3): 211-244.

Hopper, S. D. and A. P. Brown (2007). "A revision of Australias hammer orchids (Drakaea: Orchidaceae), with some field data on species-specific sexually deceived wasp pollinators." Australian Systematic Botany 20(3): 252-285.

Jersakova, J., et al. (2006). "Mechanisms and evolution of deceptive pollination in orchids." Biol Rev Camb Philos Soc 81(2): 219-235.

Kaiser, R. (2006). "Flowers and fungi use scents to mimic each other." Science 311(5762): 806-807.

Kritsky, G. (1991). "Darwin's Madagascan Hawk Moth Prediction." American Entomologist 37(4): 206-210.

Lehnebach, C. A., et al. (2005). "Pollination studies of four New Zealand terrestrial orchids and the implication for their conservation." New Zealand Journal of Botany 43(2): 467-477.

Lorena Endara, D. G., Bitty Roy (2010). "Lord of the flies: pollination of Dracula orchids." Lankesteriana 10(1): 1-11.

Lunau, K. and P. Wester (1984). Mimicry and Deception in Pollination. Advances in Botanical Research, Academic Press.

Martins, D. J. and S. D. Johnson (2007). "Hawkmoth pollination of aerangoid orchids in Kenya, with special reference to nectar sugar concentration gradients in the floral spurs." American Journal of Botany 94(4): 650-659.

Martos, F., et al. (2015). "Chemical and morphological filters in a specialized floral mimicry system." New Phytol 207(1): 225-234.

Pansarin, E. R. and M. d. C. E. d. Amaral (2009). "Reproductive biology and pollination of southeastern Brazilian Stanhopea Frost ex Hook. (Orchidaceae)." Flora - Morphology, Distribution, Functional Ecology of Plants 204(3): 238-249.

Phillips, R. D., et al. (2014). "Caught in the act: pollination of sexually deceptive trap-flowers by fungus gnats in Pterostylis (Orchidaceae)." Annals of Botany 113(4): 629-641.

Pijl, L. and C. H. Dodson (1966). Orchid flowers: their pollination and evolution, Published jointly by the Fairchild Tropical Garden and the University of Miami Press.

Ren, Z.-X., et al. (2011). "Flowers of Cypripedium fargesii (Orchidaceae) fool flat-footed flies (Platypezidae) by faking fungus-infected foliage." Proceedings of the National Academy of Sciences of the United States of America 108(18): 7478-7480.

Roy, B. T. M. D. a. B. A. (2010). "A mushroom by any other name would smell as sweet: Dracula orchids " McIlvainea 19(1).

Schiestl, F. P., et al. (2000). "Sex pheromone mimicry in the early spider orchid (ophrys sphegodes): patterns of hydrocarbons as the key mechanism for pollination by sexual deception." J Comp Physiol A 186(6): 567-574.

Singer, R. B. (2002). "The Pollination Mechanism in Trigonidium obtusum Lindl (Orchidaceae: Maxillariinae): Sexual Mimicry and Trap flowers." Annals of Botany 89(2): 157-163.

Stern, W. L., et al. (1987). "Osmophores of Stanhopea (Orchidaceae)." American Journal of Botany 74(9): 1323-1331.

Teixeira Sde, P., et al. (2004). "Lip anatomy and its implications for the pollination mechanisms of Bulbophyllum species (Orchidaceae)." Ann Bot 93(5): 499-505.

許天銓 (2008). 台灣赤箭屬植物分類研究. 生態學與演化生物學研究所, 臺灣大學: 1-168.

蘭的10個誘惑

透視蘭花的性吸引力與演化奧祕

作者／呂長澤、莊貴竣、鄭杏倩

主編／林孜懃
封面設計／王小美
內頁設計／郭倖惠
行銷企劃／鍾曼靈
出版一部總編輯暨總監／王明雪

發行人／王榮文
出版發行／遠流出版事業股份有限公司
104005台北市中山北路一段11號13樓
電話／(02) 2571-0297　傳真／(02) 2571-0197　郵撥／0189456-1
著作權顧問／蕭雄淋律師
□2017年4月1日　初版一刷　□2022年7月1日　二版一刷

定價／新台幣380元 (缺頁或破損的書，請寄回更換)

YLib 遠流博識網 http://www.ylib.com　E-mail: ylib@ylib.com
遠流粉絲團 https://www.facebook.com/ylibfans

國家圖書館出版品預行編目 (CIP) 資料

蘭的10個誘惑：透視蘭花的性吸引力與演化奧祕
／呂長澤、莊貴竣、鄭杏倩合著. -- 二版. -- 臺
北市：遠流出版事業股份有限公司, 2022.07
　　面；　公分
　　ISBN 978-957-32-9586-0 (平裝)
　　1.CST:蘭花
435.431　　　　　　　　　　　111006937